W0398571

DAIHATSU
AUTOMOBILE

DAIHATSU
AUTOMOBILE
Erfahrung für die Zukunft

Südwest

Bernd-Wilfried Kießler

ISBN 3-517-01225-4

© 1992 Südwest Verlag GmbH & Co. KG., München
Alle Rechte vorbehalten.
Nachdruck nur mit Genehmigung von Daihatsu Deutschland GmbH, Abt. Öffentlichkeitsarbeit
Printed in Germany

Inhalt

レーク王

Der Fudschijama und das Meer spielen über die Jahrhunderte hinweg eine wichtige Rolle im Leben des japanischen Volkes (vorige Doppelseite).

Meilensteine

Neuer Motor für ein neues Modell auf neuen Märkten

Vielleicht ist es ein bißchen ungewöhnlich, ein Buch über eine Automobilmarke mit dem Motor zu beginnen, vielleicht aber treffen wir damit gleich am Anfang den wesentlichen Punkt: Ohne den schnellaufenden und entsprechend leichten Verbrennungsmotor hätten Gottlieb Daimler und Carl Benz kein Automobil auf die vier beziehungsweise drei Speichenräder gestellt.
Der Motor, um den es hier geht, hat der Marke Daihatsu Ende der siebziger Jahre bei ihrem planmäßigen Exportstart über Südostasien hinaus einen sehr hohen Aufmerksamkeitswert verschafft. Dieser Motor mit dem dazugehörigen Wagen kennzeichnet auch den Zeitpunkt, da Daihatsu oberhalb der japanischen Mini-Klasse eigenständige Personenautos in Großserie baute, nachdem man zuvor eine Zeitlang leicht abgewandelte Toyota-Modelle montiert hatte.
Weil Daihatsu mit Kleinstwagen die größte Erfahrung hatte, faßte man in der Firmenzentrale in Osaka ein Auto ins Auge, das von einem Einliter-Motor angetrieben werden sollte. Die Zeiten für einen solch wirtschaftlichen Motor standen gut, weil just in der Planungsphase die erste Ölpreiskrise des Jahres 1973 über diese Welt hereinbrach. Das förderte nicht nur die schlagartige Nachfrage nach sparsamen Autos – man erinnere sich: Volkswagen zimmerte damals auf die Schnelle den sogenannten Sparkäfer zusammen. Damit verbreitete sich die schon länger bekannte Erkenntnis, daß die Erdölvorräte der Erde begrenzt sind. Jeder Liter Kraftstoff, der nicht verbrannt wird, schiebt den Beginn der schrecklichen, der öllosen Zeit etwas hinaus. (Von Ozonloch und Treibhauseffekt wußte die Öffentlichkeit damals noch nichts.)
Interessanterweise nahmen sich die Daihatsu-Ingenieure den britischen Mini als Vergleichsfahrzeug. Der war zwar schon anderthalb Jahrzehnte auf dem Markt, und auch sein Motor war nicht mehr der neueste: Der Einliter-Vierzylinder entwickelte knapp vierzig Pferdestärken und hatte noch nicht einmal eine obenliegende Nockenwelle, die andere Europäer wie Peugeot oder Fiat damals ihren Motoren in dieser Hubraumklasse wegen der Drehfreudigkeit zu spendieren begannen. Aber der britische Mini war das Urbild aller Kleinwagen mit quergestelltem Frontmotor und Antrieb auf die Vorderräder. Und er strahlte etwas aus, was sich auch der Daihatsu-Vorstand für sein neues Produkt wünschte. Ein internes Planungspapier nennt die angestrebte Eigenschaft etwas barock »eine Aura jugendlicher Verfeinerung«. Wir würden das vielleicht anglo-neudeutsch »jugendliches Image« nennen.
Dazu kommt, daß sich der britische Automobilbau in Japan eines hohen Ansehens erfreut. So waren die Nissan-Pkw in den fünfziger Jahren Lizenzfertigungen der Marke Austin, in deren Entwicklungsabteilung auch der Mini entstand. Kenner entdeckten im Getriebe des ersten Datsun Cherry, eines kleinen Fronttrieblers, technische Ähnlichkeiten zum Mini. Und schließlich entwickelten die Nissan-Designer bei der Karrosserie ihres kleinen Kult-Autos Be-l die Mini-Form zeitgemäß weiter. Hier schließt sich der Kreis zu Daihatsu: Als man in Osaka für die dritte Ausgabe des Charade maßnahm, traf man zugegebenermaßen die Be-l-Größe der Länge, Breite und Höhe bis auf zweieinhalb Zentimeter genau.

Sich genau umsehen, was andere bisher gemacht haben, und dann das Bestehende übertreffen – das ist keine spezielle japanische Methode, Autos zu projektieren. In den Testkonvois deutscher Marken, die gelegentlich von Erlkönigfotografen am Polarkreis oder in der Wüste aufgespürt werden, fahren regelmäßig die Modelle der Konkurrenz zum umfassenden Vergleich mit.

Der neue Motor für das neue Modell unterschied sich von den damals angebotenen Motoren um mehr als ein paar Verfeinerungen, die meist nur Fachleute voll würdigen können. Er hatte schlicht einen Zylinder weniger als andere. Die Daihatsu-Motorenentwicklung hatte nämlich gemessen, daß ein Reihendreizylinder gegenüber dem Vierzylinder folgende Vorteile hat:

- Er verbraucht 15 Prozent weniger an Kraftstoff.
- Er leistet 10 Prozent mehr.
- Er wiegt und mißt 10 Prozent weniger.

Diese Werte wurden ermittelt zwischen einem Vierzylinder mit jeweils 250 Kubikzentimeter Hubraum und einem Dreizylinder mit jeweils 330 Kubikzentimeter bei sonst gleichen Bauteilen wie Kraftstoffzufuhr, Brennraumform, Auspuffanlage, Zündung und ähnlichem. Um den drei Zylindern die gleiche Laufruhe anzuerziehen wie den üblichen Vierzylindern, mußten gegenläufige Wellen eingebaut werden. Mit diesen gelang es, Lärm und Vibrationen des neuen Daihatsu-Motors auf die Werte der Konkurrenz zu bringen. Aber ein bißchen Seelenkunde ist natürlich auch beim Autofahren dabei: Audis kultivierter und leistungsfähiger Fünfzylinder mag es auf dem Papier mit Sechszylindern aufnehmen. Wer einen solchen wollte, ging aber solange zur Konkurrenz, bis Audi selbst einen V6-Motor baute. Auch beim Daihatsu-Dreizylinder meinen die Tester im unteren und höheren Drehzahlbereich zu spüren, daß nur drei Töpfe unter der Haube arbeiten. Deshalb ist die Marke letztlich nicht darum herumgekommen, ihr Programm um einen kleinen Vierzylinder mit 1,3 Liter Hubraum zu ergänzen, bei dem aber die als optimal erkannte Zylindergröße von 330 cm³ beibehalten wurde. Man hat diesen Motor vor allem für die Exportmärkte in Europa und Nordamerika geschaffen. Dennoch ist das Charade-Modell mit dem Dreizylinder-Motor bis heute das Brot-und-Butter-Auto der Baureihe.

Wir wissen nicht, ob es ein Zufall oder ein zwangsläufiges Ergebnis technischer Versuche ist: Der Dreizylinder aus deutscher Produktion, eine alte DKW-Konstruktion, der bis zum Jahre 1989 allerdings als Zweitakter in das Modell Wartburg in Eisenach eingebaut wurde, hatte den gleichen Hubraum – insgesamt und

Der Dreizylindermotor mit einem Liter Hubraum – rechts als Diesel – bildet die Grundlage der Motorisierung des Charade-Modells, bis heute das Rückgrat der Ausfuhrerfolge der Marke Daihatsu.

natürlich auch pro Zylinder. Und er erreichte seine höchste Leistung von 50 PS/37 kW ebenso wie der Daihatsu-Motor bei 3000 Umdrehungen pro Minute. Der japanische Motor hat seit 1981 zwei PS und seit Anfang 1991 vier PS mehr, woran man sieht, daß die Technik bei Daihatsu ständig verfeinert wird, während sie in der DDR jahrzehntelang stillzustehen schien und schließlich abgelöst wurde.

Der Daihatsu-Dreizylinder in seiner Hubraumgröße von einem Liter (später baute man für den Cuore-Export einen 850er und für das japanische Modell statt des Zweizylinders einen 550er Dreizylinder) leistet heute 54 PS/40 kW bei 5600 Umdrehungen pro Minute und hat ein höchstes Drehmoment von 76 Newtonmetern bei 3200 Umdrehungen. Mit Turbolader steigen bei 5500 U/min die Werte auf 68 PS/50 kW und 106 Nm bei 3500/U/min. Im Charade GTti haben die Motorenbauer alle Register der Leistungssteigerung gezogen. Mit Hilfe von Vierventiltechnik und Turbo mit Ladeluftkühlung haben sie eine Literleistung von 101 PS/74 kW herausgekitzelt. Alle drei Motoren kommen erstaunlicherweise mit bleifreiem Normalbenzin aus.

Der Motor galt schon von Anfang an als Sparmeister und belegte in den entsprechenden Hitlisten, wie sie hie und da veröffentlicht werden, immer einen der vorderen Plätze. In der 52-PS-Charade, dritte Ausgabe, lauten die ECE-Verbrauchswerte: 4,2 Liter auf 100 Kilometer bei 90 km/h konstant; 6,2 Liter bei 120 km/h und 6,7 Liter im Stadtverkehr. Auch der leistungsgetrimmte GTti wartet noch mit günstigen Werten auf: 5,2 Liter bei 90 km/h und je 7,5 Liter bei 120 km/h und in der Stadt. Der immer wieder geforderten Drei-Liter-Verbrauchsgrenze nähern sich die Dieselmodelle, die zur Zeit wegen der Selbstzünderflaute allerdings nicht nach Deutschland eingeführt werden. Daihatsu hat nämlich den gleichen Ein-Liter-Motor auch verdieselt, eine Methode, die Volkswagen mit dem Golf Diesel bei uns populär gemacht hat: Statt, wie es vorher üblich war, einen eigenen, meist schweren Dieselmotor zu konstruieren, hatte man den Benzinmotor einfach auf das Selbstzünderprinzip umgerüstet – mit, wie wir gerne zugeben wollen – etwas mehr Aufwand, als es sich hier so leicht hinschreibt. Der Daihatsu Diesel kommt in seiner aktuellen Version auf 37 PS/27 kW bei 4800 U/min und ein maximales Drehmoment von 60 Nm bei 3200 U/min. Der aufgeladene Selbstzünder hat 48 PS/35 kW bei 4800 U/min und ein höchstes Drehmoment von 85 Nm bei nur 2300 U/min. Mit oder ohne Turbo braucht dieser Motor in der Charade nur 3,6 Liter bei 90 km/h, im Stadtverkehr nur 4,9 Liter und bei 120 km/h 5,7 Liter. Bei seinem Erscheinen im Jahre 1983 war der Dai-

Charade
シャレード

hatsu-Diesel mit nur einem Liter Hubraum der erste seiner Art und Größe weltweit. Mit dem neuen Dreizylinder-Motor wurde die Charade in Japan auf Anhieb »Auto des Jahres« und ein riesiger Verkaufserfolg dazu. Das war genau der Start, den sich die Daihatsu-Leute für den Verkaufsbeginn ihres ersten Weltautos gewünscht hatten. Die dreizylindrige Charade war auch der erste Daihatsu-Pkw, der im zweiten Halbjahr 1979 in exakt 1235 Exemplaren auf deutsche Straßen rollte.

Mit dem ersten Charade-Modell errang Daihatsu viele Auszeichnungen und Preise. So gewann es eine Wirtschaftlichkeitsfahrt in Paris (oben) und konnte sich 1979 mit dem heißbegehrten Titel »Auto des Jahres« in Japan schmücken (rechts).

Der Motor aber machte Geschichte. Alle Kleinwagenhersteller in Europa und Japan beauftragten ihre Entwicklungsingenieure, einen Dreizylinder zu bauen. Aber nur in Fernost gingen sie in Serie. In Japan lösten sie auf breiter Front die bis dahin üblichen Zweizylinder in der Kleinstwagenklasse ab – bei Daihatsu selbst im Cuore, der in Japan auch unter dem Namen Mira läuft, und im Coupé Leeza und bei der Konkurrenz (in alphabetischer Reihenfolge): Honda Today, Mazda Carol, Mitsubishi Minica und Suzuki Alto. Letzterer läuft auch mit einem 800 Kubikzentimeter-Motor in Deutschland. Auch der kompakte Suzuki Swift hat drei Zylinder unter der Haube, mit einem Hubraum von einem Liter und sehr ähnlichen technischen Daten wie der Daihatsu. Subaru bietet Dreizylinder in Deutschland im Justy und im Minibus Libero an, wo der 1,2-Liter-Motor zur Abwechslung im Heck schnurrt. Bei Innocenti in Italien entschloß man sich dann zum Kauf des Daihatsu-Originalmotors,

Der Dreitürer mit dem Bullauge hörte in manchen Ländern auf den Beinamen Runabout.

nachdem die Mini-Lizenz ausgelaufen war. In dem von Bertone hübsch gezeichneten Innocenti-Kleinwagen wurden Otto- und Dieselmotoren von Daihatsu eingebaut. Im Gegenzug entwarf Innocenti-Inhaber Alejandro de Tomaso Daihatsu-Sondermodelle nur für den japanischen Markt. Aufsehen auf der Tokyo Motor Show 1985 erregte ein Prototyp Charade De Tomaso 926R mit Mittelmotor. Das Ende dieser Zusammenarbeit war absehbar, als Mamma Fiat sich im Jahre 1990 bei Innocenti einkaufte.

Ein neuer Fahrzeugtyp für Land und Stadt

Anfang der siebziger Jahre stellte sich das Unternehmen Daihatsu die Frage, wohin der Weg für den Rest des Jahrhunderts gehen sollte. Die Ära der Dreiräder war im Wesentlichen abgeschlossen. Vom Elektrofahrzeug war nicht zu erwarten, daß es in naher Zukunft zu einem Massenprodukt werden würde. Als Hersteller von Kleinstwagen und Minibussen hatte man sich in Japan einen Namen gemacht, was auch nicht zu Überschneidungen mit dem Toyota-Modellprogramm führte, einer Marke, die bei Daihatsu seit 1967 eine Minderheitsbeteiligung hielt.

Die Kleinstwagen waren aber nur bedingt ausfuhrfähig, und im Export, so hatte nicht nur Daihatsu erkannt, lag die einzige Chance, langfristig das Bestehen des Unternehmens zu sichern. Es begann die Suche nach neuen Produkten, die im Inland und Ausland verkäuflich waren. Sie sollten an die Erfahrungen des Hauses anknüpfen und an das bestehende Modellprogramm anschließen. Eine solche Marktlücke entdeckte Daihatsu unterhalb des erfolgreichen Toyota Landcruiser. Das war ein urtümlicher Geländewagen, der sich in allen unwegsamen Gebieten dieser Erde einen guten Namen gemacht hatte. Er hatte es geschafft, in einem Atemzug mit dem Jeep aus USA und dem britischen Landrover genannt zu werden, wenn irgend jemand eine Expedition in Busch und Wüste plante. Der Landcruiser war schwer, breit und hoch, was ihn für verschiedene Einsatzzwecke untauglich machte, namentlich im eigenen engen Lande. Ein stark verkleinerter Landcruiser, ein Mini-Geländewagen sollte es werden. Pläne, ihn in der japani-

schen Kleinstwagenklasse anzusiedeln, wurden schnell verworfen. Die vorgegebene Kürze von drei Metern wäre ja noch angegangen und an Böschungswinkeln sogar günstig gewesen. Aber ein Motor mit nur 360 und später 550 Kubikzentimetern wäre doch für ein Auto dieses Typs zu schwachbrüstig gewesen. Maximale Drehmomentwerte von nur 40 Newtonmetern, wie sie der damalige Zweizylinder im Supermini Fellow Max abgab, waren für einen Geländewühler auf jeden Fall zu wenig.
Daihatsu griff also ins Toyota-Regal und faßte dort einen Einliter-Reihenvierzylinder mit 58 PS/33 kW bei 5500 Umdrehungen pro Minute und einem maximalen Drehmoment von immerhin 78 Newtonmetern bei 4000 U/min. Dieser Motor tat seinen Dienst im Toyota Publica, einem Kleinwagen mit Hinterradantrieb, der unter dem Namen Starlet auch nach Deutschland kam. Daihatsu rundete sein eigenes Pkw-Programm im Inland mit dem gleichen Wagen unter der Bezeichnung Daihatsu Consorte ab. Es war die Zeit in den siebziger Jahren, in der auch in Deutschland kostengünstig gefertigt wurde, indem zwei finanziell verflochtene Firmen baugleiche Autos unter verschiedenem Namen unter die Leute brachte – etwa die Zwillinge Audi 50 und Volkswagen Polo.
In den Ausmaßen war Daihatsu Taft, wie der erste Geländewagen genannt wurde, ein echter Kleinwagen: nur 3,49 Meter lang und 1,49 Meter breit. Durch die Höhe von 1,86 Meter wirkte er noch kürzer,

Dreieinhalb Meter Abenteuer: Daihatsus erster Geländewagen Taft, der in Deutschland Wildcat hieß.

als er in Wirklichkeit war. Allerdings ließen sich bei der Version mit Plane die Seitenfenster abnehmen. Wer dazu noch die Frontscheibe nach vorn klappte, saß nicht nur rundum im Freien. Es ließen sich auf diese Weise auch Hindernisse wie etwa quer über einen Hohlweg gestürzte Baumstämme unterfahren.

Der Taft F10, so die Typbezeichnung des Urmodells, besaß vier Vorwärtsgänge und einen Rückwärtsgang. Der zusätzliche Antrieb auf die Vorderräder war zuschaltbar. Mit 15-Zoll-Rädern wurde eine Bodenfreiheit von 21,5 Zentimetern erreicht. Die beiden Starrachsen vorn und hinten waren an halbelliptischen Blattfedern aufgehängt. Gelobt wurde, was hart machte. Die Verwandtschaft mit einem Nutzfahrzeug war unverkennbar. Das galt auch für die Zuladung. Bei einem Leergewicht von 1050 Kilogramm schleppte der kleine Wühler bis zu 500 Kilogramm. So konnte er – man höre und staune – als Sechssitzer zugelassen werden: Hinter Fahrer und Beifahrer ließen sich zwei seitliche Bänke für je zwei Personen abklappen. Zum Lastentransport ergab sich eine Ladefläche von ziemlich genau einem Quadratmeter.

Dieser Daihatsu Taft war das erste Auto der Marke, das ab 1977 noch vor dem Personenwagen Charade in Deutschland verkauft wurde. Ein griechischer Geschäftsmann, der in Japan nach technischen Teilen für seine kleinen Nutzfahrzeuge in seiner Heimat forschte, konnte einen Vertrag für den Deutschland-Import über leichte Nutzfahrzeuge ab-

Schmuckstück in Australien: ein Taft mit Hardtop und verchromtem Känguruhfänger.

schließen, wozu nach japanischen Gepflogenheiten auch die Geländewagen zählen. Weil der Name Taft für deutsche Ohren zu textil klang, wurde der Wagen bei uns Wildcat genannt. Mehr darüber im Kapitel »Auf dem härtesten Markt der Welt«.

Der Daihatsu Taft ist bis heute ein ansehnliches Auto geblieben. Man begegnet ihm gegenwärtig mitunter in ländlichen Gegenden, wo er sich als wendiges Arbeitstier großer Beliebtheit erfreut. Seine Form ist eine gelungene Mischung aus Landcruiser und Ur-Jeep und strahlt jene Abenteuerlust aus, die in den vergangenen Jahren zu einem Geländewagenverkauf ungeahnten Ausmaßes im vollständig asphaltierten Mitteleuropa geführt hat. Allerdings würde ihm seine gnadenlose Härte heute im Wege stehen. Denn er war fürs Gelände konstruiert, auch wenn er im Laufe der Jahre ein bißchen zivilisierter wurde. So bekam er schon 1976 einen 1,6-Liter-Ottomotor, der 66 PS/48 kW leistete. Mit Hilfe von fünf Vorwärtsgängen fuhr der Taft F20 bis zu 110 km/h schnell. Vorn wurden Scheiben an Stelle der anfänglichen Trommelbremsen eingebaut. Statt strapazierfähiger Kunststoffsitze waren die Sitzflächen auch stoffbezogen zu haben. Eine Werksdrucksache kündigt eine »verstärkte Geräuschdämmung und ein weicher gefedertes Fahrwerk« an, wobei das Eigenschaftswort »weicher« in diesem Fall zweifellos sehr relativ gesehen werden muß. Ein 2,5-Liter-Dieselmotor schließlich entsprach der Vorstellung, die man von einem richtigen Geländewagen hatte: die Höchstleistung von 69 PS/51 kW kaum höher als beim Benziner, aber mit einem maximalen Drehmoment von 165 Newtonmetern schon bei 2200 U/min beinahe so etwas wie ein Schiffsdiesel. In der Land- und Forstwirtschaft wurde diesem Modell F60 eine Anhängelast von 2,6 Tonnen genehmigt, im Normalverkehr immerhin noch 1860 Kilogramm.

Schließlich trieb der gleiche Motor noch einen Pickup an, der die Zusatzbezeichnung F65 führte. Die erhöhte Gesamtlänge von 4,28 Metern kam ausschießlich der Ladefläche zugute. Seine Zuladung von 820 Kilogramm machte ihn zu einem echten kleinen Nutzfahrzeug, wie es in dieser Größe und in der Kombination mit Allradantrieb bisher nicht bekannt war. Mit einem von 2,03 Meter auf 2,70 Meter verlängerten Radstand hatte der Pickup auch einen erkennbar verbesserten Geradeauslauf, womit zweifellos eine Schwachstelle der kleinen Allradler mit den großen Rädern beseitigt war.

Der Daihatsu Taft war ein Wegbereiter der Geländewagenwelle, die sich von den unwegsamen Gebieten der Länder Asiens, Afrikas und Südamerikas über die Asphaltbahnen der hochindustrialisierten Staaten in Europa und Nordamerika ergoß. Daihatsu hat den Erfolg auf diesem Gebiet mit dem Rocky seit 1984 fortgesetzt. Den Entwicklungen der Zeit wurde mit einem Allradauto in sanfterem Stil Rechnung getragen: Ende 1988 erschien der Daihatsu Feroza – mit 3,69 Meter unwesentlich länger als der Urtyp Taft, aber mit Einzelradaufhängung vorn, einem kräftigen Vierventil-Triebwerk unter der Haube und einer erreichbaren Höchstgeschwindigkeit, mit der Feroza-Fahrer auf der Autobahn nicht zwischen den Lastern reisen müssen.

Neue Formen für neue Zeiten

Von einer Marke, die mit Kleinwagen groß geworden ist, wird erwartet, daß sie auf diesem Gebiet Maßstäbe setzt. Das bedeutet, daß Daihatsu über den Tag hinausdenken muß und sich nicht nur technisch und formal von Strömungen treiben lassen kann, die andere vorgeben. Wenn die Zeichen der Zeit nicht trügen, wird ein anläßlich der Achtzig-Jahr-Feier des Unternehmens zitierter Satz schon bald Wirklichkeit: Create Future by World Mini! Will sagen: Angesichts von künftigen Energieverknappungen und schon bestehender Umweltverschmutzung wird das Auto mittelfristig seine Rolle als vielseitigstes Transportmittel nur ausfüllen können, wenn es kleiner und leichter wird. Diese Erkenntnis ist ganz unabhängig davon, ob dieses Mobil von einem besonders sparsamen Verbrennungsmotor oder einem alternativen Antrieb bewegt wird. Denn wir werden es uns auf Dauer nicht leisten können, zur Beförderung von oft nur einem Menschen ein Fünf-Meter-Monster mit einem Gewicht von mehr als zwei Tonnen in Bewegung zu setzen.

Zu Beginn der neunziger Jahre steht der Bau von Kleinwagen ohne Zweifel an einem Wendepunkt, an dem neue Ideen gefragt sind. Denn die Modelle mit einer Außenlänge zwischen drei und dreieinhalb Metern sehen sich derzeit fast alle sehr ähnlich. Einige erfolgreiche Entwürfe sind zehn Jahre und älter und werden mit geringfügigen Änderungen aktuell gehalten. Die kaufmännisch begründete Scheu vor mutigen Neuerungen steht im krassen Gegensatz zum Aufmerksamkeitswert, den kühne, aber durchaus praxisnahe Entwürfe in der Öffentlichkeit finden. So hat Daihatsu seinen Prototyp eines künftigen Kleinwagens, der programmatisch Fellow 90 heißt, im Herbst 1989 auf der Tokyo Motor Show und im folgenden Frühjahr auf dem Genfer Autosalon ausgestellt. Das Echo vor Ort auf dem Daihatsu-Stand und die Berichterstattung in der Presse und im Fernsehen waren so stark, daß ohne Probleme spontan zahlreiche Kaufverträge unterschrieben worden wären, hätte es denn einen bekannten Zeitpunkt für den Produktionsbeginn des Blickfangs Fellow 90 gegeben.

In der Tat steigt in den hochindustrialisierten Regionen wie Nordamerika und West- und Mitteleuropa ebenso wie in Japan das Bedürfnis der Autofahrerinnen und Autofahrer, sich aus der einförmigen Blechschlange herauszuheben. Indizien für diese Entwicklung sind zum Beispiel die Geländewagenwelle in einem Land wie Deutschland, in dem es keinerlei ernsthaft befahrbares Gelände gibt, oder ein Ansteigen des Cabrio-Markts, was auch nicht gerade durch die hier im allgemeinen herrschende Großwetterlage begünstigt wird. Ein eigenständiger Ausdruck ist gefragt. Das Auto soll allein durch seine Silhouette erkennbar sein, ohne daß man sich erst mühsam durch Entzifferung des Schriftzugs kundig machen muß, was da einherfährt. Der klassische Fall, daß ein Wagentyp auf Anhieb selbst von Kleinkindern und völligen Autolaien unterschieden werden konnte, war der Käfer von Volkswagen. Die Wirkung, anders als alle anderen auszusehen, stellte sich allerdings auch erst mit den Jahren ein, als alle einst ebenfalls rundlichen Konkurrenten längst von eckigeren, trapezförmigen, flossenbestückten oder pontonähnlichen Nachfolgemodellen abgelöst worden waren. Einen solchen Fall, daß ein Auto über Jahrzehnte in gleicher Form gebaut wird, kann es beim schnellen Wandel von technischen Erfordernissen wahrscheinlich nie mehr geben. Denken wir nur an die Normen der Aufprallsicherheit von allen Richtungen oder die verstärkte Rolle der Aerodynamik. Dazu kommen neue Werkstoffe und neue Produktionsverfahren, die eine völlige Neukonstruktion sinnvoller erscheinen lassen als eine ständige Anpassung des Vorhandenen.

Nehmen wir als Beispiel einer solchen, auf den ersten Blick erkennbaren Neuheit die Ellipsoid-Scheinwerfer, die sich mühelos und unauffällig in die Bugpartie des Fellow 90 von Daihatsu einpassen. Sie geben den Gestaltern völlig neue Möglichkeiten, ohne daß der Luftwiderstandsbeiwert steigt oder die Modetorheit der Klappscheinwerfer mitgemacht werden muß. Deren Einbau ist bekanntlich aufwendig und störanfällig, weil das Auf- und Zuklappen nur mit Hilfe von Elektromotoren bewältigt werden kann. Nachts, bei Dämmerung, Nebel oder Regen machen sie den besten c_W-Wert kaputt, weil sie im aufgeklappten Zustand wie regelrechte Luftbremsen wirken. Die Vorhersage ist kein Risiko, daß sich die neue Lichttechnik, wie sie der Fellow 90 zeigt, in den kommenden Jahren rasch verbreiten wird.

Unter dem Blech haben die Daihatsu-Ingenieure die Antriebstechnik des Mittelklassewagens Applause eingebaut: einen 1,6-Liter-Ottomotor mit Vierventiltechnik und Dreistufen-Automatik. Beides ist ganz sicher nicht der Weisheit letzter Schluß, aber bei Vorzeige-Prototypen wie diesem gang und gäbe: Man greift auf vorhandene Technik zurück, was unter anderem ja auch eine kostengünstige Möglichkeit ist, eine Studie fahrfähig zu machen.

Ein völlig neuartiger Entwurf sind die Räder. Mit 15 Zoll haben sie Mittelklassemaß und bewirken ganz eigene optische Proportionen zwischen dem rollenden Gut und dem übrigen Fahrzeugkörper. Die Rundungen setzen sich in Wölbungen am Außenrand der Motorhaube und über den ganz weit nach hinten gerückten Hinterrädern fort. Als Material der Felgen wurde Titan gewählt. Das ist ein hochfestes und zudem besonders leichtes Metall, das in der Weltraumfahrt verwendet wird. Für den Automobilbau ist es auch deswegen besonders tauglich, weil es als seewasserfest gilt und damit noch widerstandsfähiger gegen Oxydation ist als rostfreier Stahl. Freilich ist Titan nicht ganz billig. Um den Wert des Fellow 90 zu unterstreichen, wurde der Prototyp titanfarbig lackiert. Das ist ein hell schimmernder Silberton.

Der Radstand gibt das Maß für den Fahrkomfort und den Platz im Innenraum vor. Mit 2,40 Meter ist er um sechs Zentimeter länger als beispielsweise in der Charade. Der Fellow 90 hat Einzelradaufhängung rundum, vorne mit McPherson-Federbeinen. Dank einer Allradlenkung 4WS, was für Four-Wheel-Steering steht, mißt sein Wendekreis nur 7,8 Meter. Das ist auch für einen Kleinwagen von 3,50 Meter Länge ein phantastischer Wert, mit dem sich's in der Enge der Großstädte und Ballungsgebiete leben läßt. Fast schon eine Selbstverständlichkeit: Der Daihatsu Fellow 90 hat ein Antiblockiersystem (ABS) und vier Scheibenbremsen. Wer ein Auto für die Zukunft baut, muß an die strengsten Sicherheitsnormen denken. Eine davon ist der Airbag, jener sich in Bruchteilen von Sekunden aufblasende Luftsack, der lebensrettend sein kann und nur Pfeifenrauchern nicht recht schmecken will.

Es gibt ein paar Kleinigkeiten, die nicht für Schlagzeilen in der Fachpresse taugen, die aber das Wohlbefinden und die Zufriedenheit der Autofahrer ungeheuer fördern können. Eine davon ist die Bedienung des Radios. Noch immer werden sie in manchen Autos so tief an der Armaturentafel oder in der Mittelkonsole angebracht, daß der Fahrer einen gefährlichen Diener machen muß, wenn er sich am Apparat zu schaffen macht. Neuerdings kann man die Grundfunktionen vom Pralltopf des Lenkrades aus steuern. Daihatsu ist noch einen Schritt weitergegangen: Im Fellow 90 können die Fondpassagiere, die gewiß damit nicht vom Verkehrsgeschehen abgelenkt werden, aus der Ferne Sender suchen und die Lautstärke regulieren. Ein anderes Ärgernis seit über hundert Jahren: Da werden die tollsten mechanischen und elektronischen Erfindungen gemacht, aber wenn einer seinem Wageninneren eine kleine Kehrwoche nach Schwabenart gönnen will, verzweifelt er schier. Denn der Wagenboden ist in aller Regel mit Längsrillen verziert, denen auch der sorgsamst geführte Handfeger den Sand nicht zur Gänze entlocken kann: Im Fellow 90 sind die Rillen ganz einfach quer zur Fahrtrichtung. Auch der Frontantrieb hat dem Mitteltunnel mit seinen schwer zu reinigenden Ecken und Nischen nicht den Garaus machen können. Dabei hat schon Ende der fünfziger Jahre die Dauphine

Folgende Doppelseite: Unverwechselbares Profil zeigt der Fellow 90, ein Entwurf, der auch das deutsche Straßenbild zieren würde.

FELLOW
DAIHATSU

von Renault, ein Vertreter der damals üblichen Heckmotorbauweise, einen topfebenen Wagenboden im Innern gehabt, weil sie genausowenig wie ein Fronttriebler Platz für eine Kardanwelle brauchte und das bißchen Seilzug und Gestänge für die Bedienung des Wagens unterhalb des Bodens Platz fand. Der Fellow 90 knüpft zugunsten der leichten Reinigung, aber auch des Durchsteigens ohne Stolpern und Hängen an die des ungeteilten, tunnellosen Innenraums an. Steigen wir noch einmal aus und werfen einen letzten Blick auf das Äußere des Fellow 90. Seit dem Bugatti Royale und dem Jaguar E-Type gilt eine langgestreckte Motorhaube als unübertroffener Ausdruck von Eleganz und erlesenem Geschmack. Daß sich dergleichen auch bei einem Dreieinhalb-Meter-Auto erreichen läßt, haben die Daihatsu-Designer mit einem kleinen Trick geschafft: Sie haben den rundum verglasten Passagierraum etwas nach hinten versetzt. Die Karosserie wirkt wie aus zwei Halbschalen zusammengesetzt. An der Nahtstelle ist vorn ein schmaler Luftschlitz; mehr Luft fließt durch ein in den Stoßfänger integriertes Gitter. Seitlich betonen Stoßleisten die niedrige Gürtellinie, und am Heck schließt ein durchgehendes Leuchtenband den Kreis. Wer in einem solch schönen Stück spazieren fährt, möchte natürlich auch gesehen werden. Zu diesem Zweck lassen sich die vorderen Dachhälften herausnehmen und die Seitenscheiben versenken. Offenheit und doch bei Bedarf erhöhte Sicherheit – das sind Eigenschaften, die Auto und künftige Kunden verbinden werden – beim Fellow 90 und allen anderen Daihatsu-Neuheiten dieses Jahrzehnts.

Jahrzehnte der Entwicklung

Das ist eine ganz wundersame Geschichte mit dem Land Japan: Bis 1853, als der US-amerikanische Kapitän Matthew Calbraith Perry in der japanischen Bucht von Uraga von seinen Kriegsschiffen eine Breitseite abfeuerte, hatten die Insulaner in einer Isolation nach mittelalterlichen Regeln gelebt. Die Öffnung zum industrialisierten Rest der Welt, das heißt, nach Nordamerika und Europa, geschah spät, aber gewaltig. Das sozial und wirtschaftlich rückständige Japan wurde keine Kolonie, wenn auch mit den USA im Schatten der Kanonenboote ein Handels- und Konsularvertrag abgeschlossen wurde. Vielmehr hieß die Devise: »Schlagt die Fremden, indem ihr von ihnen lernt.«

Es ist eines der ungeklärten Welträtsel, warum den Japanern dieses Vorhaben sozusagen aus dem Stand gelang – so gut gelang, daß sie nach dem militärischen Fehlschlag im Zweiten Weltkrieg in den vergangenen Jahrzehnten zur dritten industriellen Weltmacht aufstiegen. Nordamerika, Europa und Japan heißen heutzutage die Zentren von Wissenschaft und Technik, Produktion und Handel.

Die Mischung der drei Religionen Shintoismus, Konfuzianismus und Buddhismus werden zur Erklärung der japanischen Erfolge herangezogen, dazu das Leben auf den kargen Inseln, das schon immer einen hohen Grad an Disziplin und innerer Organisation voraussetzte. Jedenfalls wurde vom Einzelnen in Japan ein großes Maß an Anpassung gefordert. Das begünstigte sicher den beinahe reibungslosen Übergang von der Feudal- zur Industriegesellschaft.

Japan erlebte seine Gründerzeit um die Jahrhundertwende. Damals waren alle wesentlichen Erfindungen mit Ausnahme des Flugzeugs schon gemacht, von denen die erste Hälfte des 20. Jahrhunderts bestimmt werden sollte. Die im Entstehen begriffene japanische Industrie konnte also über Lizenzen aus dem schöpfen, was in Europa und den USA erfunden worden war. Diesen Ruf, die großen Kopierer zu sein, sind die Japaner bis heute nicht wieder losgeworden. Und schon viel früher war es so: Während die Chinesen das Schießpulver erfanden, schliff der japanische Samurai sein Schwert nur immer schärfer und schärfer.

Freilich ist diese Meinung in den letzten Jahren von der Wirklichkeit überholt worden. Immer mehr japanische Entwicklungen werden patentiert. So wurden für die zweite Ausgabe des Charade-Modells über hundert Patente angemeldet. Selbst namhafte europäische Marken scheuen sich nicht, Patente aus Japan zu übernehmen. So baut Porsche in seine Vierzylinder-Motoren zwei gegenläufige Wellen zur Verminderung der Vibrationen ein – eine japanische Entwicklung, die Mitsubishi unter der Bezeichnung »silent shafts« vor Jahren zum ersten Mal in einem Galant nach Deutschland brachte. Aus der anfänglichen Einbahnstraße Richtung Japan ist also ein lebendiger Austausch guter Ideen geworden.

Mit einer guten Idee trafen sich am 1. März des Jahres 1907 die Herren Dr. Yoshiaki Yasunaga, Leiter der Technischen Oberschule in Osaka, Masashiro Tsurumi, der Maschinenbau an jener Schule lehrte, sowie die Unternehmer Hiroyasu Oko, Masashi Kuwabara und Zenjiro Takeuchi. Die beiden ersten besaßen, wie wir heute sagen würden, das Knowhow, die anderen drei das nicht weniger wichtige Kapital. Man war zusammengekommen, um eine Aktiengesellschaft zu gründen, die sich mit der Entwicklung und dem Bau von Verbrennungsmotoren beschäftigen sollte.

Die neue Firma, die Osaka Hatsudoki Seizo genannt wurde, würde eine Marktlücke füllen helfen: In Japan gab es damals knapp zehntausend Betriebe mit mehr als zehn ständigen Beschäftigten. Von diesen verfügte mehr als die Hälfte über keinerlei Motorisierung. Eine einheimische Motorenproduktion gab es so gut wie nicht. Maschinen mußten also zum größten Teil eingeführt werden.
Das traf auch für die Motorisierung der neuen Fabrik zu, die im Dorf Nakatsumura im Norden des Bahnhofs von Osaka lag: Deren 10-PS-Gasmotor stammte von der englischen Firma Laston Protor. Bei Hatsudoki, das erst 1951 in Daihatsu umbenannt wurde, widmete man sich anfänglich der Entwicklung zweier kleiner Benzinmotoren mit fünf und sieben PS, die dem Bedarf der damaligen Firmen entsprachen. Dabei wurde festgestellt, daß der Gasmotor, der in der eigenen Werkstatt arbeitete, viel günstigere Verbrauchswerte und eine höhere Leistung hatte. Also wurde als erstes Firmenprodukt ein Gasmotor mit sechs PS entwikkelt, der im Dezember des Gründungsjahres produktionsreif war.
Im zweiten Jahr des Bestehens wurden zwei größere Gasmotoren mit fünfzig und hundert PS Leistung gebaut. Schon in diesem zweiten Jahr erreichte Hatsudoki die Gewinnschwelle. Der Bedarf an Gasmotoren stieg, zunächst vor allem zum stationären Betrieb wie etwa in der Weberei, zur Bewässerung und beim Reispolieren. Aber auch der mobile Einsatz geriet in den Blick, der japanischen Insellage entsprechend vor allem auf dem Gebiet des Schiffbaus. In Osaka macht man sich an den Bau einer 850-PS-Dampfmaschine, die im Jahre 1917 in das Schiff »Sancho Maru« eingebaut wurde.
Die Betriebsanlagen auf einer Fläche von nunmehr 15 679 Quadratmetern wurden um eine Gießerei, eine Halle für die Endbearbeitung und eine für Probeläufe erweitert. Um sich ein Bild über die wirtschaftliche Lage des Jahres 1920 zu machen: Bei einem Grundkapital von zwei Millionen Yen wurde aus einem Umsatz von über einer Million Yen ein Gewinn von knapp 150 000 Yen erwirtschaftet.
Im Gegensatz zum Zweiten Weltkrieg war Japan in den Ersten nur am Rande verwickelt. Es hatte schon im Chinesisch-Japanischen Krieg (1894/95) und im Russisch-Japanischen Krieg (1904/05) seinen

Im Auftrag des Heeres wurde dieser Lkw im Jahre 1919 gebaut. Er ging nicht in Serie.

Anspruch auf Teile des Festlandes untermauert und Korea im Jahre 1910 annektiert. Die Verstrickung der damaligen Großmächte in den Ersten Weltkrieg nutzte Japan zu einem neuen militärischen Abenteuer in China. Zur Eroberung der mächtigen ostasiatischen Landmasse waren natürlich leistungsfähige Transportmittel notwendig. Dem damals schon als erprobter Motorenbauer bekannten Unternehmen Hatsudoki wurde der Bau zweier Lkw-Prototypen im Jahre 1919 übertragen.

Die Fahrzeugkonstruktion begann im Jahre 1919

Wenn der Bau dieser beiden Lkw-Prototypen auch nur eine Episode in der Firmengeschichte blieb, so markiert er doch den Beginn der Fahrzeugkonstruktion. Außerdem bedeutet er eine Erweiterung des Tätigkeitsbereichs jenes Vorläuferunternehmens von Daihatsu.

Im Jahre 1920 begann man mit der Zulieferung von Teilen für Lokomotiven und Wagen der Eisenbahn. Nachdem sich das japanische Eisenbahnministerium für Druckluftbremsen der US-amerikanischen Firma Westinghouse entschieden hatte, trat Hatsudoki in ein Firmenkonsortium ein. Gemeinsam mit dem Kobe-Stahlwerk und der Tokio Gas- und Elektroindustrie wurde die Japan Air Break AG gegründet. Hatsudoki stellte auch automatische Wagentüren und Pumpen für Lokomotiven her.

Mit der Produktion von Dreirädern des Typs HA wurde 1933 begonnen (rechts). Der erste Lieferwagen aus dem Jahre 1937 wurde von einem Motor mit 732 cm³ Hubraum angetrieben (darüber).

Was die Motorenfertigung betrifft, so übernahm man im Jahre 1922 die Lizenzfertigung eines Dieselmotors. Dieser sogenannte Superdiesel zeichnete sich durch einfache Konstruktion aus; so tropfte zum Beispiel das Dieselöl in den Brennraum. Die Lizenz der Firma R.M. Bitt in Chicago umfaßte fünf Typen mit einer Leistung zwischen 1,5 und 8 PS. Daraus wurden größere Motoren entwikkelt, die hauptsächlich zum Antrieb von Schiffen dienten.

Als Straßenfahrzeuge waren in den zwanziger und dreißiger Jahren besonders Dreiräder populär. Es wurden vorwiegend englische Motorradmotoren eingeführt und in die dreirädrigen Konstruktionen eingebaut, die als vielfältige Transportmittel dienten. Das japanische Industrie- und Handelsministerium, das bis heute eine höchst einflußreiche Stellung in allen wirtschaftlichen Fragen hält, wollte den einheimischen Fahrzeugbau fördern. Hatsudoki baute sozusagen mit ministerieller Förderung erst einen Ottomotor mit 350 Kubikzentimetern. Weil die etablierten Dreiradhersteller aber weiterhin ihre Importmotoren bevorzugten, mußte sich das Haus Hatsudoki zum Bau eines vollständigen Fahrzeugs entschließen.

Im Dezember 1930 war es so weit: Der Daihatsu Go war produktionsreif, das erste japanische Dreirad mit einheimischem Motor. Dieser Daihatsu Go bezeichnet einen wesentlichen Entwicklungsschritt der japanischen Automobilindustrie, auch wenn er vorn bis zum Sattel wie ein Motorrad aussieht, an dem hinten auf einer Achse mit zwei Rädern ein kastenförmiger Transportraum angefügt ist. Der Go, dem Modelle mit mehr Nutzlast und stärkeren Motoren folgten (zum Beispiel 1933 ein 750-cm^3-Einzylinder), wurde ein Marktrenner. Bis 1937 konnte die Jahresproduktion auf 5122 Stück gesteigert werden, und Daihatsu hielt einen Marktanteil von mehr als einem Drittel.

Schon damals exportierte Daihatsu seine Produkte ins Ausland. Im Jahre 1937 betrug die Zahl der Vertretungen achtundzwanzig im Inland und fünf in ostasiatischen Nachbarstaaten auf dem Festland. Die Vertretungen wiederum belieferten 131 Verkaufsstellen.

Im gleichen Jahr konstruierten die Daihatsu-Ingenieure ihren ersten vierrädrigen Personenkraftwagen. Er erreichte eine Höchstgeschwindigkeit von 70 km/h, ging aber nicht in Serie. Denn die Politiker hatten in jenen Jahren ständig nur Kriegerisches im Sinn. Vielseitige kleine Nutzfahrzeuge, mit denen Personen und Material transportiert werden konnten, standen auf der Wunschliste der Militärs. Außerdem wollte man die Typenzahl möglichst begrenzen, um die Ersatzteilversorgung einfacher zu machen.

Hatsudoki produzierte für den zivilen Gebrauch weiterhin seine Go-Dreiräder, die mit vielfältigen Aufbauten versehen wurden. So gab es zum Beispiel einen Minibus, bei dem hinter dem vorn zwar überdacht, aber rundum offen sitzenden Fahrer ein geschlossener Aufbau montiert ist. Darin sitzen einander – seitlich zur Fahrtrichtung – nicht weniger als sechs Erwachsene gegenüber.

Mit der Ausbreitung fester Häuser ergab sich für die Metallfabrik ein neues Betätigungsfeld: Es wurden Türschlösser gebraucht, eine Einrichtung, die im traditionellen Japan unbekannt war. Man hatte Erfahrung aus den Zulieferteilen für Eisenbahnwaggons. Unter dem Markenzeichen »Nikkana« konnten die einheimischen Türschlösser den eingeführten bald den Rang ablaufen.

Während des Zweiten Weltkriegs wurden auch die beiden Hatsudoki-Werke in Osaka und Ikeda, wo 1938 auf einem 33 000 Quadratmeter großen Grundstück ein Zweigwerk errichtet worden war, in die militärische Produktion einbezogen. Ein Schwerpunkt lag auf dem Bau von Schiffsmotoren. Die für den Inlandstransport unentbehrlichen Dreiräder

wurden zwar weitergebaut, sie mußten aber infolge Kraftstoffmangels umgebaut werden. Es wurde ein Zweizylinder-Holzgasmotor mit 1280 Kubikzentimeter Hubraum entwickelt. Im Jahre 1945 sank die Jahresproduktion auf nur noch 193 Fahrzeuge.
Nach Kriegsende lag auch das Unternehmen Hatsudoki wie alle japanischen Industriebetriebe völlig am Boden. Von den zuletzt rund 6700 Beschäftigten verblieben noch etwas über tausend. Statt Metallverarbeitung zu betreiben oder gar Motoren und Fahrzeuge zu bauen, machten sie eine Mühle auf, beschäftigten sich mit Salzsieden, der Schweinezucht und der Köhlerei. Die Produkte dienten vorwiegend der Selbstversorgung der Angestellten. Man warf auch wieder einen Dieselmotor an, um eine bescheidene Stromversorgung aufrechtzuerhalten.
1946 wurde die Fahrzeugproduktion wieder aufgenommen. Immerhin verließen in diesem Jahr 1455 Dreiräder die Hallen von Ikeda, wohin die Herstellung verlegt worden war. Ein Jahr später wurden 1903 Go-Modelle hergestellt, die beim Wiederaufbau wichtige Dienste leisteten.
In der ersten Nachkriegszeit wurden vorwiegend Dreiradwagen mit einer Ladekapazität von 500 Kilogramm und Motoren mit 670 und 750 Kubikzentimetern Hubraum hergestellt. Im Jahre 1949 machte man sich an die Entwicklung eines luftgekühlten Einliter-Motors mit zwei V-förmig zueinander stehenden Zylindern. 1950 ging dieses Modell in Serie. Die Entwicklung des Dreiradfahrzeugs war damit keineswegs abgeschlossen. Im Jahre 1952 kam ein Eintonner auf den Markt, der auch über eine Windschutzscheibe und einen elektrischen Anlasser verfügte. Bis dahin wurde der Motor nach Zweiradart mit Fußtritten auf ein Anlasserpedal in Bewegung gesetzt.
Ein Jahr vorher, also 1951, gab es einen wichtigen Einschnitt in der Geschichte des Unternehmens: Die Firma Hatsudoki Seizo wurde umbenannt in Daihatsu Kogyo. Der ursprüngliche »Motoren-Hersteller« bekennt sich zu seinem Stammsitz: Dai ist der historische Name für Osaka.

Der erste richtige Pkw – mit drei Rädern

Anfang der fünfziger Jahre machte man sich bei Hatsudoki Gedanken über den Bau eines echten Personenwagens. Die bis dahin gebauten Dreiräder waren ja Vielzweckfahrzeuge, mit denen unter anderem auch Personen befördert werden konnten. Aufgrund der großen Erfahrung im Bau von Dreiradfahrzeugen entschied sich die Hatsudoki-Geschäftsführung für eine Limousine mit drei Rädern, die allerdings nichts mehr mit den von Motorrädern abgeleiteten Kleintransportern gemeinsam hatte. In der Form glich der »BEE« genannte Entwurf Kleinwagen, wie sie in den fünfziger Jahren in Großbritannien und Frankreich auf den Markt kamen. Weil das lenkbare Vorderrad vor dem nutzbaren Innenraum sitzen mußte, hatte der BEE eine Gesamtlänge von 4,08 Metern. Die Breite betrug 1,48 Meter, die Höhe 1,44 Meter. Der Radstand war aus dem erwähnten Grund mit 2,4 Metern vergleichsweise groß. Angetrieben wurde der BEE von einem 800-Kubikzentimeter-Motor, der 18 PS leistete. Der Wagen kann auch nach heutigem Empfinden als formschön gelten, besonders die charakteristische abgerundete Bugpartie.
Hatsudoki, später Daihatsu, kann als *der* japanische Dreiradhersteller angesehen werden. Das 100 000ste dreirädrige Fahrzeug wurde im August 1954 ausgeliefert. In Europa fällt die Suche nach vergleichbaren Firmen schwer. So hat etwa Karl Borgward im Jahre 1924 mit seinem dreirädrigen Blitzkarren angefangen und auch nach dem Zweiten Weltkrieg wieder Kleintransporter mit nur drei Rädern gebaut. Im englischen Tamworth hat noch Anfang der achtziger Jahre die Firma Re-

Die runde Bugpartie und der große Radstand waren charakteristisch für den kompakten BEE auf drei Rädern.

liant den dreirädrigen Kleinwagen Robin mit einer Karosserie aus Kunststoff hergestellt. Und schließlich gibt es in Italien die Firma Piaggio, die bis heute außer Motorrollern vom Typ Vespa auch kleine Gefährte auf drei Rädern baut, die mitunter auch auf deutschen Straßen als Kommunalfahrzeuge zu sehen sind.

In Japan blieb das Dreirad nicht bei solchen Kleinformaten stehen. 1955 erschien ein Zweitonner, dessen 1,5-Liter-Maschine 33 PS entwickelte. Die Motoren bekamen Wasser- statt Luftkühlung, an die Stelle des offenen Führerhauses trat eine geschlossene Kabine mit Türen.

Mit der technischen und geschäftlichen Entwicklung Hand in Hand ging auch der soziale Fortschritt. So führte Hatsudoki schon im Jahre 1947 die monatliche Gehaltszahlung für seine Beschäftigten ein – damals ein epochaler Schritt. Im März 1954 wurde die Daihatsu Kogyo-Arbeitergewerkschaft gegründet. Solche Betriebsgewerkschaften sind eine japanische Spezialität. Sie haben nach größeren Arbeitskämpfen zu Beginn der fünfziger Jahre sehr dazu beigetragen, daß Streiks in Japan heutzutage so gut wie unbekannt sind.

Wie viele andere japanische Firmen kümmert sich auch Daihatsu um die Freizeitangebote für seine Mitarbeiter. Der Daihatsu Recreation Club wurde 1955 gegründet, im gleichen Jahr eine Betriebskrankenkasse.

Der Ausbau des Daihatsu-Unternehmens erfolgt planmäßig. Zu den beiden bisherigen Werken in Osaka und Ikeda kommt

1952 das dritte Werk in Itami hinzu. Im gleichen Jahr entsteht ein Montagebetrieb in dem Ort Minamirokugo Ota-ku im Bezirk Kanto, fünf Jahre später im Westen Japans eine Fabrik in Shimonoseki, in der ebenfalls Dreiradfahrzeuge montiert werden. In diesen beiden Werken wird ab 1957 der Daihatsu Midget gebaut, der größte Erfolg des Unternehmens bis zum damaligen Zeitpunkt. Einige Marktuntersuchungen hatten einen großen Bedarf für einen kleinen kompakten Transporter mit bescheidener Leistung ergeben. Das Ergebnis auf den Reißbrettern der Konstrukteure wurde Midget genannt. Angetrieben wurde er von einem 250-Kubikzentimeter-Motor mit 8 PS. Der Fahrer saß in einer ge-

Zwei Beispiele aus dem Daihatsu-Dreirad-programm nach dem 2. Weltkrieg: oben das Modell SSH mit einem Einliter-Motor und 750 kg Zuladung, darunter das Modell SDF mit wettergeschütztem Fahrerplatz und gleicher Nutzlast aus dem Jahre 1955.

schlossenen Kabine, lenkte anfänglich mit einer Lenkstange wie bei einem Motorrad. Ab 1959 hielt er dann ein Lenkrad in den Händen, jenes rückte nach rechts, wodurch Platz für einen Beifahrer geschaffen worden war.
Daihatsu begann mit einer Monatsproduktion des Midget von 500 Stück. Bis 1960 stieg sie auf 8500 Fahrzeuge pro Monat. Zur Werbung für den Midget wurden erstmals in der Daihatsu-Geschichte auch Fernsehspots eingesetzt. Er entwickelte sich zu einem Exportschlager, der zum Beispiel in Indonesien unter dem Namen Bemo und in Thailand als Samuro Taxi bekannt wurde. Unter den zehn Ländern, wohin das Fahrzeug ausgeführt wurde, waren auch die USA, wo er unter der Bezeichnung Try Mobile verkauft wurde. 1961 wurde ein Montagewerk in Pakistan eingerichtet. Der Midget wurde bis zum Jahre 1972 hergestellt. Für ein Gefährt seiner Art phantastisch war die erreichte Stückzahl von 317 152. Für Japan bedeutete der Midget einen Meilenstein im motorisierten Transportwesen. In verschiedenen Ländern Südostasiens ist er bis heute im Straßenbild zu sehen.

Der Midget war das erfolgreichste Dreirad der Welt. Das Foto zeigt eine weiterentwickelte Form mit Lenkrad, Blinkern und zwei Außenspiegeln.

Ein Rad mehr

Der Daihatsu Midget war der Höhepunkt, gleichzeitig aber auch das Ende der Dreiradentwicklung. Schon Ende der fünfziger Jahre wurde es der Unternehmensspitze klar, daß dem vierrädrigen Automobil die Zukunft gehören würde, sowohl was den Personenwagen- als auch den Nutzfahrzeugsektor betraf. Schon 1958, nur ein Jahr nach dem Start des Midget, kam der Pritschenwagen Vesta auf den Markt. Für japanische Straßenverhältnisse war er ziemlich breit (1,69 Meter), bei einer Länge von 4,69 Meter und einer Höhe von 1,98 Meter. Er wurde von einem 1,5-Liter-Motor mit 53 PS angetrieben.

Auch bei den Mini-Nutzfahrzeugen war Daihatsu auf eine Ablösung der Dreiräder gefaßt. Noch 1955 waren über achtzig Prozent aller japanischen Nutzfahrzeuge Dreiräder. Zwei Jahre später waren es nur noch 59 Prozent. 1960, als der Midget gerade auf dem Höhepunkt seines Erfolgs war, brachte Daihatsu einen kleinen vierrädrigen Transporter heraus. Weil er – vom Midget (»Zwerg«) ausgehend als Sprung nach oben empfunden wurde, nannte man ihn Hijet. Er war mit einer 360-Kubikzentimeter-Maschine motorisiert, die 17 PS leistete, was der damals geltenden japanischen Mini-Klasse entsprach. Damit erreichte der Hijet 75 km/h Höchstgeschwindigkeit. Mit 2,99 Meter Außenlänge und 1,29 Meter Breite hielt er die gesetzlich vorgeschriebenen Außenmaße bis auf einen Zentimeter ein. Seine Nutzlast betrug 350 Kilogramm. Zuerst kam ein offener Lieferwagen heraus, ein Jahr später folgte ein verglaster Kombi, der wie ein Pkw wirkte.

Durch den Ausbau des Modellprogramms mit Vierrad-Fahrzeugen wurde ein weiterer Ausbau der Produktionsanlagen notwendig. Im September 1959 wurde der Bau des Werkes Ikeda II beschlossen, im Juli 1960 erfolgte der erste Spatenstich. Nach einer Bauzeit von weniger als einem Jahr konnte das neue Werk im Mai 1961 eingeweiht werden. Die monatliche Produktionszahl betrug rund siebentausend Automobile.

Daihatsu entwickelte sich immer mehr zu einem ernstzunehmenden Fahrzeughersteller. Im Rahmen des Ausbau des Unternehmens wurde 1961 ein Gelände nahe der Ortschaft Shiga-ken Ryou-cho erworben, auf dem ein Jahr später eine Teststrecke fertiggestellt wurde. Sie bestand unter anderem aus einem fünf Kilometer langen Rundkurs. In diesem Zusammenhang ist eine anekdotische Einzelheit der Erwähnung wert: Zum Einfahren und Testen der Dreiräder in den zwanziger und dreißiger Jahren hatte man eine Testbahn auf dem Dach des Stammwerkes gebaut, die sogar über überhöhte Kurven verfügte. Das erinnert an das Oval auf den Dächern des alten, inzwischen aufgegebenen Fiat-Werks Lingotto bei Turin.

Anfang der sechziger Jahre baute Daihatsu seine Palette leichter Nutzfahrzeuge kräftig aus. Ende 1960 wurde der Typ F175 mit einer Zuladung von 1,75 Tonnen vorgestellt. Im Februar 1961 folgte ein 1,5 Tonner. Weiter ging es Schlag auf Schlag: Im September 1961 wurde das Angebot durch einen Bus für 21 Personen erweitert. Ein Jahr später erschien der Schnelltransporter High Line, ein Eintonner mit 100 km/h Höchstgeschwindigkeit, die ihm von einem wassergekühlten 1,5-Liter-Motor mit 68 PS Leistung verliehen wurde. Im Januar 1963 stellte Dai-

Der Pritschenwagen Vesta wurde von einem 1,5 Liter-Motor angetrieben, der 53 PS leistete (oberes Foto rechts). Der erste Daihatsu Fellow (darunter) glänzte mit einem Normverbrauch unter vier Litern auf 100 km.

hatsu den Halbtonner New Line vor, der in seiner äußeren Form dem Hijet folgte, aber mit einem 800-Kubikzentimeter-Aggregat motorisiert war.
Obwohl Daihatsu in jenen Jahren vor allem als Nutzfahrzeughersteller hervortrat, hielt das Unternehmen seinen Anspruch aufrecht, auch als Pkw-Produzent eine Rolle spielen zu wollen. Zu diesem Zweck wurde auf der Tokyo Motor Show im Jahre 1961 der Prototyp eines Pkw ausgestellt, der mit einem wassergekühlten 800-Kubikzentimeter-Motor ausgestattet war, dessen Leistung 30 PS betrug. Daihatsu versicherte sich der Dienste des italienischen Karosserieschneiders Vignale. Es ist also kein Zufall, daß die Pkw-Entwürfe von Daihatsu in den sechziger Jahren deutlich italienischen Zuschnitt besitzen. In jenen Jahren wurde die technische Basis für ein Fahrzeug entwickelt, das in unterschiedlichen Karosserievarianten zu verschiedenen Zwekken auf den Markt kam. Als erstes wurde auf der Tokyo Motor Show 1962 ein kleiner Transporter unter der Bezeichnung Compact Light Van präsentiert. Im Mai des folgenden Jahres ging er als Daihatsu Compagno Van in Serie. Im Herbst des gleichen Jahres stand ein von Vignale gezeichneter Prototyp namens Daihatsu Sport auf dem Turiner Autosalon. Bei 50 Pferdestärken aus 800 Kubikzentimetern wurde die Höchstgeschwindigkeit mit 145 km/h angegeben.
Der erste wirklich ernstzunehmende Daihatsu-Pkw im Weltmaßstab war der Compagno Berlina aus dem Jahre 1964.

Der erste Hijet Van wirkte wie ein Pkw. Er wurde auch als offener Lieferwagen gebaut.

Die zwei- und viertürige Stufenhecklimousine war 3,80 Meter lang und wog 740 Kilogramm. Der 0,8-Liter-Motor leistete 41 PS, womit der Wagen 110 km/h schnell war. Die Financial Times vom 14. Mai 1965 meldete: »First japanese car for U.K. market.« Der Daihatsu Compagno Berlina war also das erste japanische Auto auf dem britischen Markt – zu einem sehr günstigen Preis von 799 Pfund. Die Zeitung meldete weiter, daß anfänglich 45 Stück pro Monat eingeführt würden, eine Zahl, die erhöht werden sollte, sobald aus Osaka mehr Frachtkapazität zur Verfügung stehen würde.

1964 fanden die Olympischen Spiele in Tokio statt – für Japan ein wichtiger Meilenstein in der Nachkriegsgeschichte: Konnte man doch den Völkern der Welt

Italienisches Design von Vignale über japanischer Technik: die Limousine Compagno im Trapez-Look (oben), erstes Exportfahrzeug nach Großbritannien (darunter); der bildschöne Prototyp eines Sport-Coupés (rechts oben) und ein Cabriolet auf Grundlage der Limousine.

einen modernen, leistungsfähigen Staat zeigen und die schmähliche Rolle des Landes in den dreißiger und vierziger Jahren vergessen machen. Daihatsu nutzte den Anlaß, um sein neues Modell vorzustellen: Ein Compagno Berlina fuhr auf der Route des Olympischen Feuers von Olympia in Griechenland nach Tokio. Er startete am 12. Juni an historischer Stätte und kam nach einer Fahrt von rund 18000 Kilometern am 22. September in Tokio an. Drei Wochen vorher, am 1. September 1964, wurde in Osaka ein bedeutsames Jubiläum gefeiert: Der einmillionste Daihatsu verließ das Band, womit das Unternehmen feierlich in den Kreis namhafter Autoproduzenten aufgenommen war.

Die Compagno-Baureihe wurde im April 1965 durch einen viersitzigen Spider erweitert. Eine abgewandelte Version des Wagens konnte beim Großen Preis von Macao, einem im asiatischen Raum sehr populären Rennen, den ersten Platz in seiner Klasse erreichen. Inzwischen hatte Daihatsu auch einen Sportprototyp unter der Bezeichnung P-3 entwickelt. Ihm gelang mit einem Motor mit 1261 Kubikzentimetern gegen internationale Konkurrenz der Sieg beim 3. Großen Preis von Japan im Jahre 1966 der Sieg in der Klasse bis 1,3 Liter Hubraum. Das P-5 genannte Nachfolgemodell erreichte mit einem Motor gleichen Hubraums und zwei obenliegenden Nockenwellen eine Leistung von 130 PS und eine Spitzengeschwindigkeit von 240 km/h.

In den sechziger Jahren gelang Japan der Sprung in die Spitzengruppe der automobilherstellenden Länder dieser Erde. 1966 lag es hinter den USA und der Bundesrepublik Deutschland auf Platz drei. Um noch weiter nach vorn zu kommen, hielt das japanische Ministerium für Wirtschaft und Handel (MITI) eine Konzentration auf wenige Hersteller für notwendig. So übernahm Nissan im Jahre 1966 die Firma Prince. Der Motorradfabrikant Honda begann gegen den Willen des Ministeriums mit der Automobilproduktion. Daihatsu war stark genug, als eigenständiges Unternehmen bestehen zu bleiben, vereinbarte jedoch am 9. November 1967 eine Zusammenarbeit mit Toyota. Toyota übernahm eine Minderheitsbeteiligung von 15 Prozent. Daihatsu wollte seine Kräfte innerhalb der Zusammenarbeit auf kleinere Fahrzeuge in den Sektoren Pkw, Transporter und Allrad-Fahrzeuge konzentrieren. Auch eine leichte Lkw-Baureihe wurde fortgeführt, die mit Motoren aus dem eigenen Hause bestückt wurde. Die Daihatsu Diesel AG war seit 1966 ein eigenständiges Unternehmen, ein für Japan nicht unübliches Verfahren: Auch bei Nissan firmiert eine Nutzfahrzeug-Abteilung unter der Bezeichnung Nissan Diesel, nur über die Konzernzentrale mit der Pkw-Produktion verbunden.

Der erste Sparzwerg hieß Fellow

Auf dem Sektor Kleinwagen liegt bis heute das Schwergewicht der Daihatsu-Pkw-Produktion. Als Ahn dieser wendigen Sparzwerge kann der erste Fellow aus dem Jahre 1966 angesehen werden. Er gehörte der japanischen Mini-Klasse an, die damals nicht länger als drei Meter sein durfte. Das Hubraumvolumen war auf 360 Kubikzentimeter begrenzt. Mit dieser Motorisierung, die in Europa als für ein Motorrad passend angesehen wurde, erreichte Ende der sechziger Jahre nur der Honda N 360 die Bundesrepublik Deutschland. Der Daihatsu Fellow mit einer Leistung von 23 PS, die dem damaligen Fiat 770 entsprach, fuhr immerhin 100 km/h und glänzte durch Sparsamkeit, wie sie heute wieder angepeilt wird. Mit einem Liter Kraftstoff fuhr er 28 Kilometer weit, der Verbrauch lag also unter vier Litern. Die neue Klasse, für die im Gegensatz zu größeren Wagen keine Garage nachgewiesen werden mußte, ge-

wann schnell an Popularität. Andere Hersteller zogen nach, aber Daihatsu konnte auf seine wesentlich größere Erfahrung bauen.
Im Jahr 1967, einige Monate vor der Vertragsunterzeichnung mit Toyota, feierte Daihatsu sein sechzigjähriges Firmenjubiläum. Einem japanischen Brauch folgend, wurde ein Firmenmotto bekanntgegeben. Es lautete: Höchste Technik, größtmögliches Vertrauen, beste Harmonie. Daihatsu begann größere Kampagnen zur Qualitätssicherung. Es gab die TQC-Kampagne, wobei die drei Buchstaben für Total Quality Control standen. Hierbei ging es vor allem darum, fehlerhafte Teile frühzeitig auszusondern und somit größeren Ausschuß zu vermeiden. Die ZD-Aktion (für Zero Defects) zielte auf menschliches Versagen. Mit höchster Konzentration sollte Pfusch am Arbeitsplatz vermieden werden. Schon damals legte Daihatsu den Grundstein für den guten Ruf seiner Erzeugnisse.
1968 wurde eine organisatorische Trennung von Herstellung und Vertrieb beschlossen. Sowohl bei Daihatsu Kogyo Co. Ltd. als auch bei Daihatsu Motor Sales Co. Ltd. beteiligte sich Toyota mit zwanzig Prozent. Auch auf technischem

Ende der sechziger Jahre lief der Daihatsu Consorte vom Band – erste Frucht der Zusammenarbeit mit Toyota (unten). 1970 war bei Daihatsu Buggy-Time. Der Sand Buggy wog dank Kunststoffkarosserie nur 440 Kilogramm und wurde in Kleinserie aufgelegt (nächste Seite).

Sektor trug die Zusammenarbeit erste Früchte. Ein leicht abgewandelter Toyota Publica lief als Daihatsu Consorte von den Bändern. Der Einliter-Motor leistete 58 PS und trieb die Hinterräder an. Er brachte das 3,65 Meter lange und 670 Kilogramm schwere Auto auf 140 km/h Höchstgeschwindigkeit. Mit Hilfe dieses Wagens erreichte Daihatsu am 8. April 1969 die Produktionsgrenze von zwei Millionen. Es hatte weniger als fünf Jahre gedauert, ehe die zweite Million Fahrzeuge komplett war.
Mitte der sechziger Jahre begann sich Daihatsu mit der Entwicklung von Elektromobilen zu befassen, einem zukunftsträchtigen Sektor, von dem an anderer Stelle dieses Buches noch ausführlich die Rede ist.
Im Jahre 1970 brachte Daihatsu auf der Basis des Fellow den ersten japanischen Buggy heraus, der eine Straßenzulassung erhielt. Die Besonderheit des Dreimeterautos: Es besaß eine Karosserie aus Kunststoff und wog nur 440 Kilogramm. Es wurde nur in einer begrenzten Auflage hergestellt und diente mehr der Werbung für die Marke, als daß man eine große Stückzahl angepeilt hätte. Die sollten die verschiedenen kleinen Limousinen und Transporter bringen. Im Jahre 1970 stellte Daihatsu den sogenannten 30er Plan auf, dessen Ziel darin bestand, monatlich 30 000 Fahrzeuge zu bauen und zu verkaufen. Uns in Westeuropa mögen solche Aktionen etwas fremd erscheinen, deren Parole lautete: »Jugendkraft«. Das bedeutete zum einen eine Verjüngung innerhalb der Firma – es wurden bevorzugt junge Arbeitskräfte eingestellt –, zum anderen auch die Ansprache einer jüngeren Kundschaft. Gerade rechtzeitig zu dieser Aktion kam der neue Fellow Max auf den Markt. Er besaß Frontantrieb, Einzelradaufhängung, und sein 360-Kubikzentimeter-Motor leistete 33 PS, was zu einer Höchstgeschwindigkeit von 115 km/h ausreichte. Der Fellow Max wurde auf Anhieb ein großer Erfolg, auch bei der

DAIHATSU
フェロー
バギィ

jungen Zielgruppe, der die Bemühungen des Unternehmens in jener Epoche besonders galten. Wie bei größeren Wagen wurde eine regelrechte Modellreihe entwickelt: Zwei- und Viertürer, Coupé und Kombi. Der Fellow Max kam zwar noch nicht in die Bundesrepublik Deutschland, aber immerhin nach Europa. Aufmerksame Beobachter erkannten ihn beispielsweise im Straßenbild unserer niederländischen Nachbarn.

Ähnlich wie beim Bau von Personenwagen verlief auch die Entwicklung bei den leichten Nutzfahrzeugen: In der Mini-Klasse ging Daihatsu mit dem Hijet eigene Wege. Mit dem Modellwechsel im September 1971 gelingt Daihatsu schon im zweiten Verkaufsmonat ein Marktanteil in dieser Klasse von dreißig Prozent. Trotz unveränderter Außenmaße war es den Ingenieuren gelungen, den Laderaum spürbar zu vergrößern. Im Februar 1972 folgte der Hijet Slidevan, der mit zwei seitlichen Schiebetüren eine bessere Zugänglichkeit auf engstem Parkraum erbrachte. Jenes Jahr bedeutete übrigens das Ende des legendären Midget, ein Jahr später wurde der Dreiradbau mit Ottomotor überhaupt eingestellt. Lediglich bei den E-Mobilen setzte Daihatsu seine große Erfahrung mit dreirädrigen Fahrzeugen weiterhin ein.

Wie Daihatsu den Ölpreisschock von 1973 meisterte

Eine Transporterklasse höher orientierte sich Daihatsu mit seiner Delta-Baureihe am Toyota Liteace, noch höher an den Toyota-Transportern vom Typ Dyna, deren neuere Ausgaben bis heute in der Schweiz vertrieben werden.

Mit dem vorläufigen Ende der Dreiradproduktion im Werk Kyoto kam der Umbau und die Erweiterung für diese Produktionsstätte. Im April 1973 waren die

Daihatsus Stärke sind die Minis. Ganz links drei Ausgaben des Fellow Max und des Max Cuore (letzterer in den Niederlanden aufgenommen), unten der Hijet Slidevan, ein Vorgänger der heutigen Baureihe mit ausdrucksvollem Bug Anfang der siebziger Jahre.

Auswege aus der Ölpreiskrise 1973: ein elektrisch angetriebener dreirädriger Roller, der heute hochaktuell wäre, und das originelle französische Mofa Velosolex, dessen Vertrieb in Japan von Daihatsu übernommen wurde.

Bänder so weit umgestellt, daß mit der Produktion des Consorte Coupé und des Schwestermodells Toyota Starlet begonnen werden konnte. Gleichzeitig begann der Bau eines neuen Werkes in Shiga, wo bis dahin schon ein Daihatsu-Testgelände gewesen war.

Das Jahr 1973 war auch noch in anderer Hinsicht bedeutsam für Daihatsu: Die Fünftagewoche wurde eingeführt. Anfang 1974 zog man die Altersgrenze für Angestellte bei 60 Jahren. Wieder einmal wurde eine neue Parole ausgegeben. Sie hieß diesmal »Fresh Daihatsu«. Frisch sollte das Unternehmen werden, wozu eine »Bewegung der fünf S« ins Leben gerufen wurde. Die Großbuchstaben S standen für die japanischen Begriffe Seiri (Aufräumung), Seiton (Ordnung), Seiketsu (Sauberkeit), Seiso (Reinigung) und Shitsuke (Manieren).

Ende 1973 gab es die erste Ölpreiskrise, von der die industrialisierte Welt wie von einem Schock getroffen wurde. Besonders die Autofahrer und natürlich auch die Autohersteller waren stark verunsichert. Würde es auf Dauer überhaupt genug Kraftstoff zu erschwinglichen Preisen geben, oder mußte man sich ganz von dem Gedanken verabschieden, im eigenen Wagen durch die Lande zu kutschieren? Die japanische Wirtschaft, die besonders stark von importierten Rohstoffen abhängig war und ist, mußte sich möglichst schnell auf die veränderte Lage einstellen. Zunächst aber ging bis in das Jahr 1974 hinein der Automobilabsatz drastisch zurück.

Daihatsu besann sich auf seine Erfahrung im Dreiradbau und stellte auf der Tokyo Motor Show des Jahres 1974 eine Art dreirädrigen Roller mit Elektroantrieb vor. Zwei Jahre später kam er unter der Typenbezeichnung Hello auf den Markt. Zusammen mit der Reifenfirma Bridgestone wurde ein weiteres Tricycle entwickelt, das die Bezeichnung Hello Wagon erhielt. Aus Frankreich wurde das legendäre Velosolex importiert. Daihatsu übernahm den Vertrieb dieses originellen Fahrrads mit Hilfsmotor über dem Vorderrad. Außerhalb des Fahrzeugmarkts wurden im Bereich Werkzeugmaschinen eine Drehbank und andere Geräte entwickelt, die zwei Jahre später serienreif waren und erfolgreich verkauft wurden. So kam Daihatsu einigermaßen über die Ölpreiskrise hinweg.

Dieser Charmant (unten die Kombiversion) trug ein Toyota-Blechkleid, wurde aber bei Daihatsu gebaut.

1974 kamen auch zwei neue Daihatsus heraus, die langfristig geplant und entwickelt worden waren. Der Daihatsu Charmant basierte auf dem damaligen Toyota Carina, einer konventionell angetriebenen Baureihe, die Stufenhecklimousine und Kombi umfaßte. Seine Motorisierung reichte bis 1,6 Liter Hubraum, und die Daihatsu-Händler erhielten damit ein Fahrzeug, das nach damaligen Maßstäben der Mittelklasse zugehörig war. Der Wagen war im damals modernen Cola-Flaschen-Design mit Hüftbuckel über der Hinterachse gestaltet. Auch dieser Wagen tauchte in Deutschland nur aus den kleineren Nachbarländern im Westen und Süden auf.

Anders das zweite Neuprodukt des Jahres 1974 aus dem Hause Daihatsu. Ähnlich wie bei den Pkw für die Straße faßten die Unternehmen Toyota und Daihatsu den Beschluß, auf dem Geländewagensektor ein kleineres Auto als den weltweit erfolgreichen Toyota Landcruiser unter der Federführung von Daihatsu zu bauen. Was herauskam, war der Daihatsu Taft, der in der Tat wie ein verkleinerter Landcruiser aussah. Bei einer Außenlänge von 3,32 Meter und einer Breite von 1,46 Meter übertraf er die damaligen Normen der Mini-Klasse nur geringfügig. Sein Einliter-Motor leistete immerhin 58 PS. Mehr über diesen Wagen, der unter dem Namen Wildcat auch nach Deutschland kam, an anderer Stelle.

1975 wurden in Japan Abgasnormen eingeführt, die nur mit geregeltem Katalysator zu erreichen waren. Die Japaner waren den Europäern auf diesem Gebiet also um mehr als zehn Jahre voraus. Bei der Entwicklung des Charmant mußten die unmittelbar bevorstehenden neuen Werte schon berücksichtigt werden. Daihatsu ging die technische Herausforderung aktiv an. Der damalige Direktor gehörte einem vom Parlament berufenen Ausschuß an, der sich dem Problem der Luftverschmutzung durch Autoabgase widmete und entsprechende Empfehlungen vor dem Gremium aussprach.

Im Jahre 1976 wurden die Normen für die so populäre Mini-Klasse geändert. Das Hubraumvolumen wurde von 360 auf 550 Kubikzentimeter erhöht, und dies aus mehreren Gründen. So mußte die geforderte höhere Leistung nicht mehr über phantastisch hohe Drehzahlen erreicht werden, die Haltbarkeit der Motoren erhöhte sich, der Lärm sank. Auch das Abgasverhalten war leichter in den Griff zu bekommen. Gleichzeitig wurde die Außenlänge um zwanzig Zentimeter auf 3,20 Meter vergrößert, die Breite um zehn Zentimeter auf 1,40 Meter. Daihatsu stellte sich dieser Entwicklung mit einem Zweizylinder-Motor mit 550 Kubikzentimetern, der ab April 1976 im Hijet, einen Monat später im Fellow Max eingebaut wurde. Die nach dem Twin-Prinzip, also mit parallel angeordneten Zylindern gebaute Maschine leistete 28 PS. Die Daihatsu-Motorenbauer versuchten sich am Magerprinzip, um den Verbrauch so niedrig wie möglich zu halten.

Zum Herbst wurde dann der Geländewagen Taft mit einer 1,6-Liter-Maschine und 66 PS/48 kW herausgebracht, der die Exportchancen dieses Typs beträchtlich verbessern sollte. Schon im Vorjahr hatte der Daihatsu-Vorstand die Erkenntnis zur Richtschnur seines Handelns gemacht: »Ohne Export gibt es keine weitere Entwicklung.« Entsprechend dieser Zielsetzung waren hochrangige Manager bis hin zu Vorstandsmitgliedern nach Übersee gereist, um die Bedingungen auf den wichtigsten und zukunftsträchtigsten Märkten in Augenschein zu nehmen und daraus die entsprechenden Schlüsse für die Modellpolitik und die Organisation des Vertriebs zu ziehen. Sehr schnell, schon im Jahre 1976, verdoppelte sich die Anzahl der ausgeführten Fahrzeuge gegenüber dem Vorjahr auf rund 38 000 Exemplare.

Mit diesem Auto begann der Exporterfolg von Daihatsu: ein Charade-Modell auf einer Wirtschaftlichkeitsfahrt.

1977 beging das Unternehmen feierlich sein siebzigjähriges Bestehen. Es war das Jahr, in dem die Produktionszahl die Grenze von fünf Millionen erreichte und überschritt. Ein neuer Plan wurde veröffentlicht. Er wurde »V 3-Plan« genannt und zielte darauf ab, binnen drei Jahren eine Jahresproduktion von 600 000 Stück zu erreichen. Hauptstützen dieses Plans waren die neuerliche Überarbeitung des Kleintransporters, der jetzt als Hijet 55 Wide angeboten wurde, und des Fellow Max, bei dem zum ersten Mal der bis heute übliche Name Cuore auftauchte: Das Modell '77 hieß Max Cuore. Der eigentliche Meilenstein in der Daihatsu-Modell-Entwicklung erschien im Oktober des Jahres 1977. Es war das erste Modell des Charade, dessen Name und technisches Prinzip sich bis heute auch nach zweimaliger Neuauflage weltweit wiederfindet. Die entscheidende Neuheit des kleinen frontgetriebenen Viertürers lag unter der Motorhaube: Es war ein Dreizylinder mit einem Liter Hubraum. Der Motor war leichter als die entsprechenden Vierzylinder und lief runder als die Zweizylinder, die Daihatsu bis dahin in seiner Miniklasse verwendet hatte.

Der Erfolg dieses Charade bedeutete die Wiedergeburt des Dreizylinder-Motors, der in Deutschland als Zweitakter von DKW gebaut worden war und in der DDR bis 1989 in Wartburg-Modellen zum Einsatz kam. Die japanische Konkurrenz auf dem Kleinwagensektor mußte reagieren. Suzuki und Subaru brachten gleichfalls Dreizylinder auf den Markt. In Westeuropa wurden ebenfalls solche Motoren entwickelt, kamen aber über die Testphase nicht hinaus. Das Aufsehen, das der Charade erregte, war so groß, daß er in Japan zum Auto des Jahres 1978 gewählt wurde. Im gleichen Jahr war ein Charade Gewinner des Economy Run von Paris, wodurch die besondere Wirtschaftlichkeit dieser Motorenkonstruktion unterstrichen wurde. Der viertürigen Limousine schob man einen Dreitürer namens Charade Runabout nach, der durch sein originelles Bullauge anstelle des hinteren Seitenfensters auffiel und bis heute ein gesuchter Gebrauchtwagen für Liebhaber ist.

Richtung Deutschland und Europa

Ehe wir uns der weiteren Entwicklung des Unternehmens zuwenden, müssen wir noch einmal einen Blick zurück ins Jubiläumsjahr 1977 tun. Damals wurden nämlich die ersten Daihatsu-Automobile vom Typ Taft F10 aus Japan in die Bundesrepublik Deutschland eingeführt. Importeur war die Münchner Handelsgesellschaft Inthelco. Auf Einzelheiten dieses Importbeginns und des ersten eingeführten Modells wird in den Kapiteln ausführlich eingegangen, die sich mit der Geschichte Daihatsus in Deutschland und den Allradautos dieser Marke beschäftigen.

1979 wurde in Brüssel ein Daihatsu-Büro eröffnet, dessen Aufgabe es war, den Export nach Westeuropa zu steuern und auszuweiten. Im gleichen Jahr begann die Firma Walter Hagen in Krefeld mit der Einfuhr von Daihatsu-Pkw, als erstes mit dem Charade.

In Osaka war das Jahr 1980 das Jahr der großen Zahlen. Man feierte nacheinander den einmillionsten frontgetriebenen Daihatsu, zwei Millionen produzierte Hijet-Modelle, drei Millionen hergestellte Autos der Mini-Klasse und den 500 000sten exportierten Daihatsu. Ein Jahr später erreichte die gesamte Fahrzeugproduktion die stolze Zahl von sieben Millionen. Der verstärkte Export führte dazu, daß das Daihatsu-Modellprogramm nun auch oberhalb der Mini-Klasse eigenständiger wurde. So hatte der neue Charmant des Jahres 1981, mit dem Abschied vom Japan-Barock à la Toyota genommen wurde, zwar noch die Technik, also Motor und Antriebsstrang vom großen Anteilseigner. Das glatte, klassische Blechkleid der Stufenhecklimousine war jedoch Daihatsu-eigen.

Noch eine Besonderheit entwickelte sich als Folge der verstärkten Ausfuhr: Das Modellprogramm teilte sich in zwei Gruppen – Exportwagen und Autos ausschließlich für den japanischen Markt. So wurde das technisch vom Cuore abgeleitete Mini-Coupé Leeza nur im Inland verkauft, ebenso wie ein Kleinbus namens Delta Wide, der in den Blechteilen dem

Hat das Zeug zum Frauenliebling weltweit, wird aber nur in Japan verkauft: das bildschöne Coupé Leeza.

Kenner erkennen die Verwandtschaft: Der Daihatsu Delta Wide ist vom früheren Toyota Model F abgeleitet.

Toyota Model F gleicht. Was den Cuore betrifft, so hatte man ihm für den Export eine 850-Kubikzentimeter-Dreizylinder-Maschine verordnet. Denn die bis auf 7500 U/min hochdrehenden Mini-Motoren mit 550 Kubikzentimeter, dazu teilweise noch mit Turbo aufgeladen, wurden zu Recht als innerjapanische Besonderheit erkannt. Eine zunächst offene Frage bleibt das Schicksal eines 660 cm^3-Zweitaktmotors mit drei Zylindern, der im Frühjahr 1992 in Europa präsentiert wurde, aber offenkundig auf den fernöstlichen Markt zugeschnitten war. Denkbar ist, daß die in Gewicht und Verbrauch vorteilhafte Wiederentdeckung nicht nur auf Japan beschränkt bleibt, sondern mit vergrößertem Hubraum auch den Weg zu uns findet. Auch der Allradantrieb in der Supermini-Klasse, bei der in Deutschland vor allem der Kostenfaktor im Vordergrund des Interesses der Käufer und Käuferinnen steht, wird außerhalb Japans nicht entsprechend als technische Feinheit gewürdigt. Verspielt wirkende Sonderausführungen wie etwa ein Dreisitzer mit Elementen des Schiffbaus versehen, der seine technische Grundlage im Kleinbus Hijet hat und unter dem Namen Atrai Marine in Japan entwickelt wurde, fanden nicht den Weg ins Ausland.

Seit der Übernahme der Pkw-Einfuhr durch einen Generalimporteur kamen die Daihatsu-Exportmodelle in den achtziger Jahren fast alle auch nach Deutschland. Weil es darüber ein eigenes Kapitel gibt, beschränken wir uns an dieser Stelle auf eine tabellarische Aufzählung:

1980	Cuore
1983	Charade, 2. Ausgabe
1984	Rocky (in Deutschland anfänglich Wildcat GL)
1985	Cuore, 2. Ausgabe
1986	Hijet (neues Modell)
1987	Charade, 3. Ausgabe
1988	Feroza
1989	Applause
1990	Cuore, 3. Ausgabe

Zu Beginn der neunziger Jahre baut Daihatsu an vier Standorten in Japan Automobile. Dazu kommen Montagewerke in acht Ländern, wovon das zukunftsträchtigste das in China ist. Daihatsu-Automobile werden in über 130 Ländern der Erde verkauft. Davon sind etwa ein Dutzend der Importfirmen Tochtergesellschaften, so die 1986 gegründete Dai-

Das Coupé Leeza mit Spoilern und Schwellern (links), der Kleinbus Atrai Marine mit Bullauge in der Hecktür und relinggesichertem Freisitz im Heck (unten).

hatsu of America in den USA und die seit 1. Januar 1989 vom seitherigen Generalimporteur Hagen & Co. in Krefeld übernommene Organisation, die jetzt Daihatsu Deutschland heißt.

Die Tätigkeit des Unternehmens verläuft zur Zeit nach einem Plan, der »JUMP 10« heißt. Er sieht vor, im Jahre 1993 70 000 Fahrzeuge pro Monat zu bauen, wovon 20 000 in den Export gehen sollen. In der japanischen Kleinstwagenklasse wird sowohl bei den Pkw als auch bei den Minibussen die Spitzenposition in der Statistik der Neuzulassungen angestrebt. Darüber hinaus ist vorgesehen, nach der zweiten Ausbaustufe des Werkes Shiga und der Modernisierung der Werke Kyoto und Ikeda über eine Jahreskapazität von 1 050 000 Autos zu verfügen. Damit befände sich Daihatsu unter den Produktionsmillionären und hätte es geschafft, sich am Weltmarkt für absehbare Zeit einen festen Platz zu verschaffen.

Auf engstem Raum

Die Marke Daihatsu ist nach dem Zweiten Weltkrieg mit kleinen dreirädrigen Fahrzeugen groß geworden. Sie gilt auch als einer der Wegbereiter jener Mini-Klasse, die einst höchstens drei Meter lang sein und über einen Motor mit höchstens 360 Kubikzentimeter Hubraum verfügen durfte. Inzwischen ist diese Klasse, die der japanische Staat finanziell begünstigt, auf 3,30 Meter und 660 Kubikzentimeter Hubraum gewachsen. Während in Deutschland Autos dieser Kleinheit einen sehr bescheidenen Anteil an den Neuzulassungen haben, liegt dieser Markt in Japan bei über einer Million jährlich. Kein Wunder, daß außer den beiden ganz Großen alle Hersteller um die Mini-Kundschaft wetteifern. Daihatsu hat sich in den achtziger Jahren Prozent für Prozent an den Marktführer heranschieben können. Unter dem Namen Cuore sind bisher drei Generationen dieser sehr wendigen Kleinstwagen nach Deutschland gekommen und haben namentlich in den Ballungsgebieten viele Freundinnen und Freunde gefunden, die sich vom Einkommen her durchaus einen größeren Wagen leisten könnten.

Der Erfolg der Minis rund um die dichtbesiedelten Großstädte ist kein Zufall, denn hier herrschen Verkehrs- und Lebensbedingungen, die mitunter gar nicht so weit weg von denen in ihrem Ursprungsland sind. Die Menge lebt in der Enge. Das kann als Kurzbeschreibung des japanischen Lebens gelten.

Rund 120 Millionen Japaner, etwa doppelt so viele Menschen wie in der alten Bundesrepublik Deutschland, leben auf einer Fläche, die etwa anderthalbmal so groß ist wie Westdeutschland. Allerdings sind achtzig Prozent des Landes schwer zugängliche Bergregionen, und nur etwa fünfzehn Prozent sind bebaubar.

Deshalb ist die Bevölkerungsdichte von 315 Einwohnern pro Quadratkilometer – ohnehin eine der höchsten in der Welt – nur ein theoretischer Wert. Durch die unwirtliche Landschaft in weiten Gebieten ist die Ballung in Japan so dicht wie sonst nirgendwo auf der Welt. Das hatte und hat weiterhin starke Auswirkungen auf das menschliche Miteinander und führt oftmals zu grotesken Formen. Wenn Leben auf engstem Raum erträglich sein soll, dann geht das nur nach sehr strengen Regeln. Es funktioniert auch nur mit einem ausgeprägten Sinn für die Gemeinschaft, denn für einen eigenwilligen Individualismus reicht einfach der Platz nicht. Die Japaner bemessen ihren Wohnraum traditionell nach Tatami-Matten. Früher galt die Regel, daß pro Person ein Schlafplatz in der Größe dieser Reisstrohmatte vorhanden war: nachts als Schlafstätte, tagsüber als Lebensraum – eine Tatami-Matte mißt umgerechnet etwas mehr als anderthalb Quadratmeter. Heute, so sagt die offizielle japanische Statistik, kommen auf einen Japaner etwa acht Tatami-Matten, etwa dreizehn Quadratmeter. Sie sagt auch, daß der durchschnittliche japanische Haushalt in einer Vierzimmer-Wohnung daheim ist, verschweigt aber die Größe dieser Wohnung.

Besonders eng geht es in Tokio zu, wo sich rund zehn Prozent aller Japaner zusammendrängen. Hier werden die Grundstücke mit drei Stellen hinter dem Komma vermessen, also in Quadratmillimetern angegeben. Im Stadtzentrum muß inzwischen mit etwa einer halben Million D-Mark für einen Quadratmeter Bauland gerechnet werden, wenn überhaupt ein Grundstück zu bekommen ist.

Natürlich haben solche Bodenpreise in den Großstädten viele Auswirkungen. So sind die Pendlerströme in die Stadtzen-

Malerisch und magisch geht es bei traditionellen japanischen Volksfesten zu (nächste Seite).

tren ungleich größer und vor allem länger als in Europa. Es ist keine Seltenheit, daß jemand täglich zwei Stunden mit der Bahn zur Arbeit fährt und nach Dienstschluß noch einmal zwei Stunden wieder nach Hause. Die beengten Wohnverhältnisse gelten auch als ein Grund dafür, warum es japanische Arbeitnehmer nicht schlagartig nach offiziellem Dienstende heimtreibt. Überstunden sind ebenso üblich wie ein anschließender Umtrunk mit Arbeitskollegen. Andererseits gab es in den fünfziger und sechziger Jahren oft Schwierigkeiten, den Arbeitern das Schichtsystem schmackhaft zu machen. Der Hauptgrund: In den kleinen Wohnungen gab es für einen, der Nachtschicht hatte, tagsüber kaum die Möglichkeit, einen ruhigen Platz zum Schlafen zu finden.

Viel beneidet und oft mißverstanden werden bei uns in Westeuropa die japanischen Gewerkschaften, die für ihre Zusammenarbeit mit den Unternehmensleitungen bekannt sind. Nun sind zwar auch auf unserem Erdteil die Zeiten des Klassenkampfes vorbei, und mancher Gewerkschaftsfunktionär erfreut sich mehr an gut bezahlten Pöstchen, als daß er sich um das Gemeinwohl sorgte. Aber so friedlich wie in der japanischen Automobilindustrie, wo es seit den fünfziger Jahren keinen ernsthaften Tarifkonflikt mehr gegeben hat, geht es in Westeuropa nirgendwo zu.

Um das japanische System zu verstehen, hilft ein Blick in die Geschichte, die trotz aller Modernität im Japan von heute bis in die Gegenwart ausstrahlt. In der shintoistischen Schöpfungsgeschichte (Shinto ist eine der beiden Hauptreligionen in Japan) erschafft ein Götterpaar diese Erde, zuallererst aber die japanischen Inseln. Daraus resultiert der Glaube, der Mittelpunkt der Welt und ein von den Göttern auserwähltes Volk zu sein. Die Religion stärkte den Glauben, daß alles, was gut für Japan ist, auch gut für den einzelnen sei – im Zweifelsfall, wie etwa bei den Kamikaze-Fliegern im Zweiten Weltkrieg, würde sich das Wohl eben nach dem Tode einstellen.

Übrigens sind die Japaner auf religiösem Gebiet tolerant bis zur eigenen Person: Zählt man die jeweils mehr als achtzig Millionen Shintoisten und Buddhisten zusammen, wozu noch rund eine Million Christen kommt, so ergibt sich, daß viele

Japanische Kinder wachsen in einer modernen Welt auf, die sich von unserer nicht mehr grundsätzlich unterscheidet.

Ein Festmahl zum Familienfest (rechts) und die Kirschblüte, die auch am Rande eines Industriegebiets ein Stück ihres Zaubers bewahrt.

Japaner sich zu mehr als einer Glaubensgemeinschaft bekennen.
Natürlich ist auch in Japan die jahrhundertelange Einheit zwischen Religion und staatlicher Macht dahin, spätestens seit 1945, als die siegreichen Amerikaner diese Trennung befahlen, allerdings den Gott-Kaiser im Amt beließen, obwohl er sich im Krieg schuldig gemacht hatte.
Ähnlich wie bei uns wandelt sich die Religion zu einem äußerlichen folkloristischen Beiwerk und zu einer guten Einnahmequelle dazu: Wer sein Auto von einem Shinto-Priester segnen läßt, zahlt umgerechnet 35 DM. Der Weg von der Naturreligion zum Aberglauben ist nicht weit, was nicht heißt, daß die geistigen Wurzeln der Vergangenheit nicht fortleben – im kleinen wie im großen.
Europäer betrachten oft mit einer Mischung aus Schrecken und Bewunderung die Firmentreue japanischer Arbeitnehmer und vergessen darüber, daß auch bei uns ein namhafter Prozentsatz in den öffentlichen Dienst tritt, um dort das Pensionsalter zu erreichen. Der Staat belohnt diese Treue mit vielen sozialen Leistungen. Ähnlich ist die Haltung japanischer Großfirmen zu sehen: Mehr als europäische Privatbetriebe fühlen sie sich ihren Mitarbeitern verpflichtet, sorgen für preisgünstigen Wohnraum und für zusätzliche Angebote auf den Sektoren Freizeit, Kultur und Sport. Außerdem kommen die Beschäftigten in guten Geschäftsjahren in den Genuß durchaus nennenswerter Prämienzahlungen.
Dies und das mag es in abgeschwächten Formen auch in Mitteleuropa geben – mit einem wesentlichen Unterschied: In Japan sind solche Leistungen keine Einbahnstraße. Der Beschäftigte dankt seiner Firma für ihre Fürsorge durch vermehrten Arbeitseinsatz in dem sicheren Bewußtsein, daß das Wohlergehen des Betriebes auch für ihn spürbare Früchte hervorbringt. Dankbarkeit dieser Art ist in Japan tief verwurzelt: Der Mönch im Buddhistenkloster dankt dem Abt für seine Schläge, der Schüler dem Lehrer für die Strafe. In beiden Fällen gilt der Dank den Bemühungen, den Lernenden auf den rechten Weg zu führen.
Ein Beispiel aus der Politik: Eine Einrichtung wie das japanische Ministerium für Handel und Industrie (MITI) stellt eine enge Verschmelzung von öffentlichen und privaten Wirtschaftsinteressen dar –

Weit weg vom Klischee der Dienerin des Mannes: japanische Frauen.

Farbenfrohe Drachen in der Luft und Fische im Wasser.

zum Wohle aller Beteiligten. Ein solch staatlich gelenkter Kapitalismus – man könnte auch sagen: eine kapitalistische Planwirtschaft – wäre im wirtschaftsliberalen Mitteleuropa kaum denkbar. Mit feiner, aber fester Hand steuert das MITI die Expansion zukunftsträchtiger Branchen, fördert den Export, schirmt ab, wo es nötig scheint, und macht auch Konzessionen, wenn es weltpolitisch sinnvoll ist. Das alles geschieht meist lautlos, wie ein Beispiel aus der Automobilwirtschaft deutlich zeigt:
Ende der siebziger Jahre, als sich auch in Deutschland eine gewisse Furcht breitmachte, die Japaner könnten den hiesigen Markt überrollen, reiste der damalige Bundeswirtschaftsminister Graf Lambs-

Kontraste: im Vordergrund die Pagode des Kiyomizu-Tempel in Kyoto, links im Hintergrund verschwommen moderne Betonbauten.

dorff nach Tokio. Konkrete Abmachungen wurden nie bekannt, weil sich die exportorientierte Bundesrepublik Deutschland immer zum freien Welthandel bekannte. Aber wie durch ein Wunder verharrte der Anteil der japanischen Neuzulassungen bis Ende 1983 bei rund zehn Prozent. Dann kletterte er ganz behutsam, um seit 1986 bei rund fünfzehn Prozent stillzuhalten. Kenner sagen, das sei ein Werk von MITI, das ohne viel Aufhebens den Export in den japanischen Häfen so steuere, daß die Automobilausfuhr Richtung Deutschland nicht ins Gerede kommt und eine ungute politische Stimmung entsteht. Die japanischen Automobilproduzenten, sich des sicheren MITI-Beistands in Notlagen gewiß, akzeptieren die stillschweigende Vereinbarung. Sie mindert zwar kurzfristige Absatzchancen, zahlt sich aber auf lange Sicht aus. Sie fühlen sich inzwischen auch stark genug, europäische Importautos in steigender Zahl ins Land zu lassen. Nur wer allzu geradeaus denkt, empfindet es als paradox, wenn auf Pressekonferenzen japanischer Automobilimporteure in der Bundesrepublik Deutschland auch die Exportzahlen deutscher Automobilhersteller nach Japan bekanntgegeben werden oder wenn die japanischen Hersteller ausländische Autos in Lizenz montieren oder in ihr Vertriebsnetz aufnehmen.

So hat Nissan jahrelang den Santana von Volkswagen montiert und verkauft jetzt den Passat. Mazda bietet über einen seiner Vertriebskanäle den Citroën XM an, und Mitsubishi vertreibt gar die Stuttgarter Karossen mit dem Stern am Kühler. Mit interkontinentalen Projekten auf dem Gebiet des Autobaus und -handels wird gleich ein ganzer Fliegenschwarm mit einer Klappe getroffen:

- Der Austausch an technischem Wissen mit dem europäischen Partner ist auf praktischer Grundlage am leichtesten.
- Der verehrten heimischen Kundschaft wird eine größere Auswahl geboten.
- Statt zu konkurrieren, verdient man noch am Import.
- Das rufschädigende Gerücht, Japan schotte sich ab, wird widerlegt.

Seitdem im Jahre 1853 amerikanische Kriegsschiffe in Japan landeten, ist die jahrhundertelange Isolierung des Inselreiches durchbrochen. Die Japaner haben ständig importiert – aus Deutschland etwa das preußische Schulsystem zu Zeiten des Kanzlers Bismarck. Nach 1945 waren es wieder die Amerikaner, die eine weitere Öffnung erzwangen. Westliche Mode, Musik, Sportarten verbreiteten sich – an der Spitze Baseball, der Sport der Sieger. In den letzten Jahren hat das Golfspielen eine unglaubliche Popularität erreicht, unglaublich deshalb, weil die Topographie Japans der Anlage von Golfplätzen diametral entgegensteht. Es gibt nur einige wenige Clubs mit Plätzen, wie wir sie kennen. Mit ihren Aufnahmegebühren sorgen sie dafür, daß Millionäre dort unter sich sind. Das Millionenheer begeisterter japanischer Golfer begnügt sich mit Abschlagplätzen, die Mitleid erregen könnten, zeugten sie nicht von der Findigkeit der Insulaner, das Golfspiel den engen Verhältnissen anzupassen. Da gibt es die Driving Range auf dem Hochhausdach, bei der die Bälle keine zwanzig Meter weiter im Netz landen. Auf einem anderen Foto, das rund um den Erdball ging, sind zwei endlose Reihen von Golfern zu sehen. Der Clou der Anlage ist, daß die beiden Reihen übereinander stehen: Die eine Hälfte der Spieler drischt den Ball aus dem ersten Stock ins Grüne. Die Menge in der Enge – mit diesen Worten hat dieses Kapitel über das Leben in Japan begonnen. Es ließe sich auch sagen: Platznot macht erfinderisch – und dies nicht nur bei der Anlage von Golfplätzen. Wer je in einem Daihatsu Cuore gesessen hat, der wird bestätigen, daß der abgedroschene Reklamespruch »Innen größer als außen« hier (beinahe) verwirklicht worden ist. Vor allem der Zugang durch vier Türen und große Heckklappe ist tadellos. Die Daihatsu-Ingenieure haben dergleichen schon bei Drei-Meter-Minis in die Tat umgesetzt, was manche große deutsche Firma lange Jahre nicht auf mehr als dreieinhalb Meter Außenlänge zustande brachte. Böse Zungen könnten nun sagen, daß es bei uns eben noch nicht eng genug zugehe. Verglichen mit Japan stimmt das sogar.

Bewährt in der Dichte

Der japanische Automarkt ist etwas größer als der deutsche und hat 1989 erstmals die Grenze von vier Millionen Neuzulassungen überschritten. Diese Tatsache ist wenig verwunderlich, weil in Japan – wie schon erwähnt – rund 120 Millionen Menschen leben – doppelt so viel wie in der früheren westdeutschen Bundesrepublik. Hier gelang erst nach der Angliederung der ehemaligen DDR im Jahre 1991 der Sprung über die vier Millionen – und dieses Jahr wird wohl durch den Nachholbedarf im Osten ein einmaliges Rekordjahr bleiben. Auf längere Sicht wird mit einem deutschen Markt von 3,5 Millionen Pkw jährlich gerechnet – eine Tendenz, die sich aufgrund vorliegender Zahlen 1992 zu bestätigen scheint.

Etwas verwunderlich ist diese Automenge aber angesichts dessen, daß nur rund fünfzehn Prozent der japanischen Landmasse bewohnbar sind. Dichter Straßenverkehr und viele Stauungen in den Ballungsgebieten sind der hohe Preis, mit dem die Japaner für ihre Begeisterung für das Automobil bezahlen. Zudem sind mit zunehmendem Reichtum auch große Limousinen in Mode gekommen. Es gibt aber eine gegenläufige Bewegung: Die Zulassungszahlen für die inseltypische Mini-Klasse nehmen von Jahr zu Jahr zu. Allerdings ist auch hier eine – wenn auch sanfte – Vergrößerung zu bemerken: In den siebziger Jahren galt das Drei-Meter-Maß für die Außenlänge, und der Motor durfte 360 Kubikzentimeter Hubraum haben. 1989 wurde diese Norm inzwischen zum zweiten Mal auf nunmehr 3,30 Meter Länge und 660 Kubikzentimeter heraufgesetzt. Nicht nur mehr Raum, sondern auch ein Mindestmaß an innerer Sicherheit waren für die äußere Vergrößerung maßgebend. Außer mehr Leistung sprach eine geringere Lärmbelästigung und besseres Abgasverhalten für die Erhöhung des Hubraums.

In diesem Mini-Markt – und deshalb wird

Die japanischen Produktionshallen gelten als beispielhaft für den Grad der Automatisierung.

er an dieser Stelle so ausführlich gewürdigt – hat sich Daihatsu inzwischen den ersten Platz erkämpft. Unter Verwendung stärkerer Motoren lassen sich solche Kleinwagen auch ausführen. Nach Deutschland schickt Daihatsu zur Zeit nur den Cuore. Der Hauptmarkt für die Mini-Klasse ist und bleibt Japan. Wie beliebt der Cuore dort ist, zeigt eine Zahl: Nach weniger als sieben Jahren Bauzeit überschritt er im März 1987 die Millionengrenze. Zum Vergleich: Diese Zahl wurde etwa vom Modell Audi 100 der vorigen Generation in acht Jahren knapp verfehlt.

Vom Kleinen zum Großen: Die Nummer 1 auf dem japanischen Markt mit rund vierzig Prozent Marktanteil ist Toyota. Das ist deutlich mehr, als die Volkswagengruppe mit VW, Audi und Seat in Deutschland hält. Ewiger Zweiter ist Nissan – dahinter tummeln sich die übrigen mit teilweise von Jahr zu Jahr sehr überraschenden Verschiebungen. Soweit sich das von Mitteleuropa aus beobachten läßt, hat es den Anschein, daß Neuerscheinungen in Japan mitunter so begehrt sind, daß sie den gesamten Markt umkrempeln, jedenfalls innerhalb des Feldes der Verfolger von Toyota und Nissan. Im darauffolgenden Jahr kann alles ganz anders aussehen, weil eine andere Marke einen Treffer im Zentrum des breiten Geschmacks landen konnte. So erhöhte etwa Daihatsu die Zahl der verkauften Autos von 1977 auf 1978, das Jahr, in dem der Charade ganz neu war, um ein Drittel auf fast hunderttausend Stück, um im Jahr darauf wieder auf weniger als 70 000 zurückzufallen. Die japanische Statistik ist allerdings mit großer Vorsicht zu genießen. Mitunter ist die Mini-Klasse ausgelassen, und meist fehlen auch Kleinbusse und Geländewagen, die in Deutschland selbstverständlich zu den Pkw gezählt werden. In Japan werden sie der Klasse der leichten Nutzfahrzeuge zugerechnet. Bei Daihatsu sind die Zahlenunterschiede besonders kraß, weil das Unternehmen in der Mini-Klasse, bei den Kleinbussen und bei den Geländewagen stark vertreten ist. Eine in Deutschland veröffentlichte Statistik über die Produktion japanischer Automobilfirmen meldet für Daihatsu im Jahre 1989 die bescheidene Summe von 263 631 Stück. Das ist etwa so viel, wie Volvo in Schweden (ohne niederländische Produktion) hergestellt hat. Daihatsu seinerseits meldet im gleichen Jahr, mit Riesenschritten auf die Million zuzuschreiten. Nicht weniger als 850 000 Fahrzeuge sind von der Daihatsu Motor Company in den zwölf Monaten des Jahres 1989 hergestellt worden. Das bedeutet ein Sprung vom achten auf den fünften Platz – vorbei an Mitsubishi, Suzuki und Subaru.

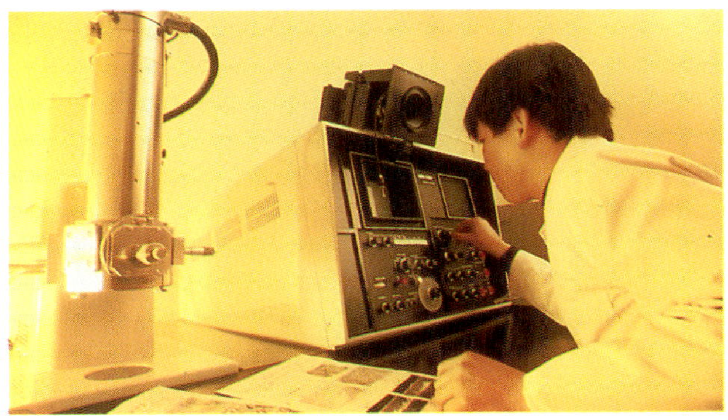

Die Daihatsu-Hauptverwaltung in Ikeda, einem Stadtteil von Osaka (oberes Foto); Forschung und Entwicklung werden groß geschrieben (Mitte); menschenleere Fabrikhalle, in der die Roboter fast ohne Menschen arbeiten (unten).

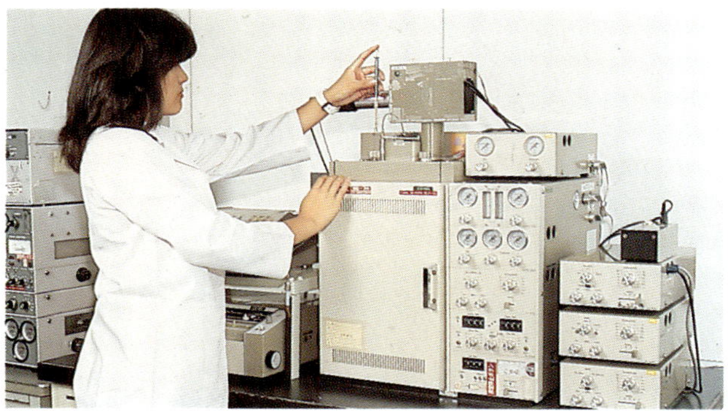

Frauen erfüllen in den Daihatsu-Labors wichtige Aufgaben (links). Sneaker heißt der Entwurf eines Stadtwagens (unten). Rechts der Prototyp Leeza Spider.

Nummer 1 in der Mini-Klasse

Die beiden Großen in Japan, Toyota und Nissan, beteiligen sich übrigens nicht am Rennen um die Gunst der Mini-Fahrerinnen und -Fahrer. Weil Toyota bei Daihatsu Anteile hält und Nissan mit Subaru verflochten ist, haben sie dennoch auf Umwegen Anteil an diesem Markt. Auf jeden Fall muß Daihatsu auf diesem Sektor nicht mit den beiden Spitzenreitern in Wettbewerb treten, sondern ist selbst Nummer 1. Das japanische Vertriebssystem unterscheidet sich vom europäischen grundsätzlich. Die Unternehmen beliefern in der Regel verschiedenste Vertriebskanäle, die auch untereinander wetteifern. Daraus erklärt sich auch die Modellvielfalt in Japan, wo viel mehr als bei uns die gleiche technische Basis von unterschiedlichem Blech überzogen wird und in Europa nicht gebräuchliche Typennamen verwendet werden. Die Firmen besitzen zwischen zwei und fünf Vertriebskanäle. Die jeweiligen Modellprogramme haben von außen keine erkennbare Linie, sondern stellen oft eine bunte Mischung mit Überschneidungen dar. Scheinbar mühelos lassen sich einzelne Importmodelle aus Europa und Amerika einbauen. Die einzige Ausnahme von diesem Mehrkanal-Vertriebssystem bildet – Daihatsu. Daihatsu verfügt über ein einheitliches Vertriebsnetz. Dabei liegt der Schwerpunkt auf den werkseigenen Niederlassungen. Von dreiundsiebzig Daihatsu-Zentren in ganz Japan sind nur vierundzwanzig in der Hand von privaten Händlern. Es gibt 674 Verkaufsstellen mit rund 3700 geschulten Verkäufern. Neben diesem Direktvertrieb besteht in Japan noch das System des indirekten Vertriebs. Sogenannte Dealer – man könnte den Begriff vielleicht mit »Vermittler« übersetzen – werden von den Direktvertretungen beliefert. Die Zahl der Dealer wird mit 42000 in ganz Japan angegeben. Über sie setzt Daihatsu etwas mehr als fünfzig Prozent seiner Neuzulassungen ab.

Werfen wir einen Blick auf das Neuwagenprogramm in Japan. Wir wollen uns

dabei auf solche Typen beschränken, die Besonderheiten des heimischen Marktes sind, weil das Exportprogramm im Kapitel über Daihatsu in Deutschland ausführlich vorgestellt wird.
Der kleinste Daihatsu ist ein zweitüriges Coupé mit Heckklappe, das auf den Namen Leeza hört und mit 3,13 Meter Außenlänge nicht einmal die Maße der japanischen Mini-Norm ausschöpft. In der Version TR-ZZ wird der kleine Motor mit Turbo und Ladeluftkühler auf 64 PS bei 7000 Umdrehungen pro Minute gebracht und mit seitlichen betonten Schwellern und zwei Spoilern oberhalb und unterhalb der Heckscheibe gekennzeichnet. Ein Prototyp Leeza Spider war erstmals auf der Tokyo Motor Show im Herbst 1989 zu sehen. Ihm hatte man sogar einen Doppelauspuff verpaßt.
Der in Deutschland vor allem bei Autofahrerinnen beliebte Cuore heißt in Japan Mira. Auch der Mira ist nach Leistungsstufen aufgefächert. Die Modellpalette beginnt mit 40 PS aus 660 Kubikzentimetern eines quergestellten Dreizylinder-Motors. Sie endet mit dem gleichen Motor, über den das stärkere Leeza-Modell verfügt. Das Auto heißt dann Daihatsu Mira TR-XX EFI, wobei EFI für Electronic Fuel Injection steht. Der Kraftstoff wird also elektronisch bemessen eingespritzt. Die kleinen Turbo-Modelle, die zwischen 600 und 660 Kilogramm Leergewicht auf die Waage bringen, erreichen Höchstgeschwindigkeiten von über 150 Kilometern pro Stunde, ein Tempo, das sie nirgendwo im ganzen Land fahren dürfen. Um das Käuferinteresse ständig wachzuhalten, greifen auch die japanischen Firmen zum Mittel der Sondermodelle. In begrenzter Auflage wird ein Wagen ausgestattet und nur in wenigen Farben oder gar nur einer auf den Markt gebracht. Bei dieser Wagenkategorie können aktuelle modische Entwicklungen besonders berücksichtigt werden.
So brachte Daihatsu Ende 1987 ein Leeza-Modell mit dem Beinamen Chacha heraus, das sich gezielt an Frauen im Alter kurz vor 30 wandte. Es war ganz in Schwarz gehalten, besaß dazu ein paar dezente rote Zierstreifen und serienmäßig die sonst nur als Extra erhältliche Klimaanlage. Noch jünger war die Zielgruppe für das Sondermodell Mira Parco, das ebenfalls ganz in Schwarz gehalten war. Der Dreitürer war billiger als das Leeza-Modell, so daß mit ihm schon Zwanzigjährige angesprochen wurden. Ihrem Geschmack entsprechend wagten die Designer, die Sitze mit einem grellen Pop-Design zu beziehen. Der Erfolg der ersten schwarzen Parco-Serie ermunterte das Unternehmen, weitere Reihen aufzulegen. Nachdem die erste Auflage vom Februar 1988 ausverkauft war, wurde ein Sommermodell aufgelegt. Unveränderliches Parco-Kennzeichen blieb die Farbe Schwarz. Weil die in der heißen Sonne viel Wärme aufnimmt, wurde eine Klimaanlage eingebaut. Die Sitze wurden hellblau bezogen. Eine dritte Ausgabe im Februar 1989 wurde um ein Parco-Modell mit Turbo-Motor und Allradantrieb erweitert. Parco ist übrigens der Name einer japanischen Kette von Modehäusern, die sich dadurch auszeichnen, daß sie als führend auf dem Gebiet der Kleidung für junge Menschen gelten. Den modischen schwarzen Parco-Modellen waren übrigens Anfang 1985 solche von Mira und Charade ganz in Weiß vorangegangen. Radikale Wechsel der Lackfarbe sind eben schneller zu bewerkstelligen als technische Umstellungen.

Einfälle ohne Grenzen

Der Daihatsu Hijet, dessen Verkauf in Deutschland im Frühjahr 1990 auslief, heißt in Japan Atrai. Die Modellvielfalt ist weitaus größer, als sie im Export war. So gibt es einen kleinen Luxusbus mit zweifarbiger Lackierung und nicht weniger als drei Glasdächern. Daihatsu in Japan nennt dergleichen Rundum-Glasdach oder kosmisches Dach, weil durch die Scheiben der Himmel sichtbar ist und ein Blick in den Kosmos getan werden kann. Wer will, kann den Atrai mit Turbomotor und einer Leistung von rund sechzig PS bestellen. Wahlweise gibt es Standardantrieb und zuschaltbaren oder ständigen Allradantrieb. Der Einfalls-

Das Design-Team begutachtet einen Alternativentwurf zum gegenwärtigen Charade-Modell.

Atrai heißen die Busversionen des Hijet in Japan. Das obere mit Allradantrieb und Turbolader zeigt sich spoilerbewehrt, das untere der neuesten Generation hat ein originelles Glasschiebedach.

reichtum der Daihatsu-Designer kennt auch in dieser Klasse keine Grenzen. Auf der Automobilausstellung in Tokio 1989 zeigten sie einen Prototyp Atrai Marine. Es handelt sich um einen Dreisitzer. Dort, wo die vierte Person sitzen sollte, führte eine Tür ins Heck: Der ehemalige Gepäckraum war in einen offenen Laderaum wie bei einem Pickup verwandelt

worden. Mit Holz ausgekleidet und von einer Art Reling umgeben, sollte er an ein Schiff erinnern. Dieser Eindruck wurde dadurch verstärkt, daß die Hecktür kein gewöhnliches Fenster, sondern ein ovales Bullauge besaß.

Ein anderer Prototyp auf Hijet-Grundlage ist der Dumbo, ein kompromißlos auf möglichst großen Innenraum ausgelegter zweisitziger Transporter mit seitlichen Schiebetüren, großer Heckklappe und teilweise abgedeckten Hinterrädern. Es ist ein typischer Kleintransporter zum Verteilerverkehr für Güter, die viel Platz brauchen, aber nicht allzu schwer sind. Auf diesem Markt ist Daihatsu schon sehr erfolgreich mit dem Modell Mira Walkthrough Van vertreten. Die Typenbezeichnung heißt wörtlich »Durchgangstransporter«. In der Tat besteht ein unmittelbarer Zugang vom Fahrerhaus zum Laderaum. Technisch basiert dieses kleine Nutzfahrzeug auf dem Cuore (in Japan: Mira) und besitzt dementsprechend Frontantrieb. Als Besonderheit sind Falttüren eingebaut, wie sie in Mitteleuropa von Linienbussen und Straßenbahnen her bekannt sind. Die Hecktür ist dreifach gefaltet, bei den beiden Türen, die den Zugang zum Fahrerhaus bilden, kommt man mit einer doppelten Faltung aus. Diese Konstruktion hat den Vorteil, daß man auch in engsten Parklücken noch ein- und aussteigen und Güter laden und entladen kann.

Auch vom Charade gibt es Modellvarianten, die nicht nach Deutschland gekommen sind. So gibt es ein Stufenheckmodell, das zwar ausgeführt wird, aber bisher nicht im Angebot von Daihatsu Deutschland ist. Die hiesige Vertriebsleitung hat sich entschlossen, auf diesen je nach Exportland Charade Sedan oder Charade Social genannten Wagen zu verzichten, weil er im Preis sehr dicht an den günstigsten Applause heranrücken würde. Bei der freiwilligen Selbstbeschränkung der Japaner in Deutschland will eine vergleichsweise kleine Marke wie Dai-

hatsu ihr Modellprogramm auch nicht allzu sehr vergrößern. Es wird unübersichtlich und auch unwirtschaftlich, wenn viele Modelle in nur kleinen Stückzahlen verkauft werden. Der Stufenheck-Charade ist genau vier Meter lang und wird von einem 1,3-Liter-Motor angetrieben. Bei einem Leergewicht von 810 Kilogramm – siebzig mehr als sie das Schrägheckmodell hat – können 380 Kilogramm zugeladen werden. Der Gepäckraum faßt 336 Liter – das ist nicht weniger, als der Applause aufnimmt. Der erspart dem deutschen Autokäufer, der im Daihatsu-Verkaufssalon ein Stufenheck-Auto sucht, die Qual der Wahl. Den Charade Social, der seit März 1989 gebaut wird, gibt es übrigens ebenso wie den Applause nur mit vier Türen zum bequemen Einstieg für alle, die damit fahren und mitfahren. 1984, als das Vorgängermodell des derzeitigen Charade noch neu war, brachte Daihatsu ein Modell namens Charade de Tomaso heraus. Es war die Zeit einer engen Zusammenarbeit mit dem italienischen Industriellen Alejandro de Tomaso. Daihatsu lieferte seit Anfang 1982 Benzin- und später auch Dieselmotoren in das Innocenti-Werk, das zur de-Tomaso-Gruppe gehörte. Ursprünglich hatte Innocenti britische Minis in Lizenz gebaut, darunter auch liebevoll ausgestattete Versionen wie den Mini Cooper und den Mini 1001. Nachdem sich die Briten zurückgezogen hatten, lieferte Daihatsu die Antriebstechnik für den von Bertone entworfenen Innocenti-Mini. Ausführliches darüber steht im Kapitel

Zwei Großraum-Kleintransporter: der Daihatsu Dumbo (oben) und der Mira Walkthrough Van mit Falttür (unten).

Variationen zum Thema Charade; die Stufenhecklimousine Social (oben) und das Ausstellungsstück 4 WW.

über die Aktivitäten von Daihatsu in Deutschland.
Die Zusammenarbeit mit de Tomaso war jedenfalls keine Einbahnstraße. Der Charade de Tomaso war äußerlich an Spoilern und Schriftzügen zu erkennen. Der bekannte Einliter-Dreizylinder-Motor war mit Hilfe eines Turboladers auf 80 PS gebracht worden. Das Äußere des Autos, das wir heutzutage als Kriegsbemalung kritisieren würden, zielte auf junge männliche Käufer. Auf der Tokyo Motor Show 1989 war ein dreitüriges Charade-Modell ausgestellt, das ebenfalls etwas angriffslustig wirkte, aber doch mit etwas feineren gestalterischen Mitteln: Ein Dachgepäckträger, an dem zwei Zusatzscheinwerfer prangten, erinnerte an eine Wüstendurchquerung. Das außen am Heck befestigte Reserverad signalisierte ebenfalls Abenteuer in freier Wildbahn, während Seitenschweller, verbreiteterte Kotflügel und Heckspoiler an der Dachkante Richtung Rallye deuteten. Der ausgestellte Charade 4 WW hatte das 4 W für Four Wheel Drive, also Vierradantrieb, und das zweite W schlicht für Wild, was sich sowohl auf sein Aussehen als auch die Gegend bezog, in die sich seine Designer den Wagen hineingedacht hatten.
Ein zum Personentransport gebautes Auto von Daihatsu, das nur in Japan verkauft wurde, ist der Delta Wide. In der Typbezeichnung taucht der Name des Daihatsu-Lkw auf, wie er einem auf den Straßen der iberischen Halbinsel begegnen kann: Der Daihatsu Delta ist ein unverwüstlicher Lastkraftwagen der leichten Klasse. Der Delta Wide hingegen entpuppt sich bei näherem Hinsehen als eine Abwandlung des Toyota Model F, eines Kleinbusses, der auch in Deutschland Maßstäbe setzte. Er erfüllte als einziger Importbus die amerikanischen Sicherheitsnormen, so daß ihn Volkswagen wohlweislich außenvor ließ, als es in den achtziger Jahren die japanische Konkurrenz für den VW-Bus in einem Münchner Versuchszentrum frontal gegen eine Wand knallen ließ. Der Toyota Model F bot auch einen brauchbaren Fahrkomfort für die Hinterbänkler, weil man ihm Schraubenfedern für die Hinterachse spendiert hatte, während andere bis heute die Starrachse an Blattfedern aufhängen. Auch die inneren Werte des Model F setzten neue Maßstäbe in Mitteleuropa – von Plüschbezügen bis zu zwei serienmä-

Mit etwas Glück auf der iberischen Halbinsel zu sehen: ein Daihatsu Delta als Kipper.

ßigen Glasdächern. Der Daihatsu Delta Wide unterscheidet sich vom Toyota, wie wir ihn kennen, durch ein leicht erhöhtes Dach, das mit nicht weniger als sechs Fenstern fast vollständig verglast ist. Am Wagenbug hebt ein Lufteinlaß im Stoßfänger und ein durchgehendes Leuchtenband den Daihatsu von seinem Schwestermodell ab.

Von A wie Automobile bis B wie Backwaren

Nach der Marktstellung, dem Vertriebssystem und dem japanischen Modellprogramm, zu dem sich natürlich noch die in Deutschland angebotenen Typen von Rocky, der in Japan Rugger heißt, Feroza, Charade und Applause gesellen, wollen

Ein Delta-Lkw mit Doppelkabine und offener Pritsche (oben). Blick in eine vollautomatisierte Halle des Werkes Ikeda 2, wo die Cuore-Modelle gebaut werden.

Daihatsu aus der Luft: das Werk Kyoto, wo Charade und Applause montiert werden (oben), und die Werke Shiga 1 und 2. Oberhalb des Werkes 2 erkennt man das neue Testgelände, während die Einfahrbahn neben dem älteren Werk bereits teilweise überbaut worden ist.

wir einen Blick auf den Ursprung all dieser Produkte werfen: auf die Daihatsu-Werke in Japan. Das Unternehmen hat etwas über 18 000 Beschäftigte, eine Zahl, die seit dem Jahre 1987 fast konstant geblieben ist, obwohl sich die Zahl der hergestellten Autos seitdem erhöht hat. Die Zahl von 18 000 umfaßt das Unternehmen mit allen Tochtergesellschaften, insbesondere auch den Verkaufsniederlassungen. Im Automobilunternehmen Daihatsu Motor Company Ltd. wird die Zahl der Beschäftigten mit etwas über 11 000 angegeben. Sie verteilen sich in Japan auf vier Standorte und insgesamt sechs Werke. Offizieller Firmensitz ist Ikeda, ein Stadtteil von Osaka. In Osaka wurde Daihatsu bekanntlich gegründet, und hier steht auch das ursprüngliche Werk Ikeda 1, das im Jahre 1939 seine Arbeit an dieser Stelle aufnahm. In den inzwischen mehrfach modernisierten Hallen werden Motoren, Getriebe und Karosserieteile hergestellt. Zur Endmontage müssen sie größtenteils gar nicht weit geliefert werden: Im Werk Ikeda 2 werden alle Daihatsu der Mini-Klasse, als da sind Leeza, Mira/Cuore, Hijet/Atrai und dazu die Geländewagen Rocky und Feroza, die Lkw-Serie Delta und der Kleinbus Delta Wide zusammengesetzt, lackiert und kontrolliert. Dieses Werk wurde im Jahre 1961 eingeweiht.

Zwölf Jahre jünger ist das zweite Endmontagewerk in Kyoto. Hier werden Charade und Applause, die Stützen des Pkw-Exports, gebaut. Mechanische Teile werden zugeliefert, aber die Blechteile am Ort gepreßt. Investitionsgüter stellt das vergleichsweise kleine Werk in Tada seit dem Jahre 1970 her. Hier werden Werkzeugmaschinen und Preßformen für neue Modelle entwickelt und produziert. Zwei Daihatsu-Werke stehen in Shiga. Im älteren aus dem Jahre 1974 werden Motoren, Getriebe und verschiedene Teile aus Leichtmetall gefertigt. Im kürzlich erweiterten Werk 2, das seit 1983 besteht, werden Preßteile und verschiedene andere Metallteile hergestellt. Alle Daihatsu-Werke liegen im Südwesten der japanischen Hauptinsel Honshu. Verständigungsschwierigkeiten durch weite Entfernungen zwischen den einzelnen Produktionsstätten gibt es nicht, zumal die Werke allesamt an Hauptverkehrslinien in Richtung Tokio angesiedelt sind. Die Forschungs- und Entwicklungsabteilung von Daihatsu arbeitet am Stammsitz in Osaka-Ikeda. Die Teststrecken befinden sich in Shiga. Ein älterer Rundkurs von 2,5 Kilometern Länge, der jetzt außer Betrieb ist, liegt unmittelbar neben dem Werk 1. Er hat die Form eines zusammengedrückten Kreises: Die Fahrbahnen laufen im Mittelteil nebeneinander und münden jeweils an den Enden in überhöhte Kurven, damit hohe Testgeschwindigkeiten gefahren werden konnten. Die neue Teststrecke in Shiga, die 1986 eingeweiht wurde, spannt sich als weites Oval in Sichtweite von Werkteil 2. In der Mitte dieser stadionähnlichen Fläche sind vielfältige Meß- und Teststrecken angeordnet. Die äußere Runde in einer Länge von 2850 Metern erlaubt eine Höchst- und

Im Werk Ikeda 2 unmittelbar an der Autobahn entstehen Mini-Modelle, Geländewagen und Lkw.

und Dauergeschwindigkeit von 172 km/h. Die beschriebenen Werke gehören alle der Daihatsu Motor Company, Ltd. an, die intern mitunter DMC abgekürzt wird. Sie umfaßt die Bereiche Forschung und Entwicklung sowie Produktion. Der Fahrzeugvertrieb ist nach japanischem Brauch in eine gesonderte Handelsgesellschaft ausgegliedert worden, die Daihatsu Motor Sales Co., Ltd. Der innerjapanische Transport, insbesondere zur Verschiffung ins Ausland, liegt in den Händen der Daihatsu Transportation Co., Ltd. Im Rahmen der Ausweitung des Unternehmens über den Motoren- und Fahrzeugbau hinaus sind folgende Tochtergesellschaften tätig: Daihatsu Diesel MFG, Co., Ltd. stellt unter anderem Dieselmotoren, Gasturbinen, Baumaschinen und Türvorrichtungen her. Auf dem Elektrosektor ist die Daihatsu Body Co. Ltd. tätig. Sie befaßt sich auch mit Elektrofahrzeugen. In der Daihatsu Estate Co., Ltd. sind andere Unternehmenszweige zusammengefaßt, so die Verwaltung und der Handel mit Grundstücken, Versicherungen, Reisebüros und – als scheinbare Kuriosität – die Herstellung von Backwaren. Mit dieser sachfremden Betätigung steht der Automobilhersteller Daihatsu aber keineswegs allein auf der Welt da: In der Erkenntnis, daß die Fahrzeugproduktion großen Schwankungen unterworfen sein kann, die Menschen aber immer essen und trinken müssen, legte der schwedische Volvo-Konzern schon vor Jahren einen Teil seiner Gewinne in der Lebensmittelbranche an.

Weltweit aktiv

Die Daihatsu-Gruppe

Daihatsu Motor Company, Ltd. (Japan)
Herstellung von Personenkraftwagen, Nutzfahrzeugen und Sonderfahrzeugen; Motoren, Teilen, Werkzeugmaschinen, Werkzeugen

Daihatsu Motor Sales Co., Ltd. (Japan)
Verkauf von Fahrzeugen, Ersatzteilen und Schmierstoffen

Daihatsu Diesel MFG. Co., Ltd. (Japan)
Herstellung, Verkauf von Dieselmotoren, Gasturbinen, Fahrzeugausrüstungen, Baumaschinen und Türvorrichtungen

Daihatsu Metal Ind. Co., Ltd. (Japan)
Herstellung und Bearbeitung von Gußeisen

Daihatsu Auto Body Co., Ltd. (Japan)
Herstellung von Fahrzeugen, insbesondere von Elektrofahrzeugen sowie von Einrichtungen zum Energiesparen

Daihatsu Estate Co., Ltd. (Japan)
Grundbesitz, Versicherungen, Reisebüros, Inneneinrichtungen, Außengestaltung sowie Backwarenherstellung

Daihatsu Transportation Co., Ltd. (Japan)
Transport von Fahrzeugen sowie anderer Güter

P. T. Daihatsu Indonesia (Indonesien)
Einfuhr und Handel mit Fahrzeugen und Teilen

P. T. Daihatsu Engine Manufacturing Indonesia (Indonesien)
Montage von Fahrzeugen; Herstellung von Motoren

Daihatsu Australia Pty. Ltd. (Australien)
Einfuhr und Handel mit Fahrzeugen und Teilen

Daihatsu Malaysia Sdn. Bhd. (Malaysia)
Montage, Einfuhr und Handel mit Kraftfahrzeugen und Teilen

Daihatsu Holland B. V. (Niederlande)
Einfuhr und Handel mit Kraftfahrzeugen und Teilen

Daihatsu Autohandelsgesellschaft m. b .H. (Österreich)
Einfuhr und Handel mit Kraftfahrzeugen und Teilen

Daihatsu Motor (HK) Ltd. (Hongkong)
Einfuhr und Handel von Kraftfahrzeugen und Teilen

Daihatsu Deutschland GmbH (Deutschland)
Einfuhr und Handel mit Kraftfahrzeugen und Teilen

Daihatsu America, Inc. (USA)
Einfuhr und Handel mit Kraftfahrzeugen und Teilen

Daihatsu liefert außerdem Montagesätze von Fahrzeugen in folgende Länder, wo sie dann von einheimischen Firmen zusammengebaut werden: Neuseeland, Thailand, Taiwan, China, Kenia, Trinidad und Tobago.

Vorwärts allerorten

Daihatsus erster Geländewagen Taft, der in Deutschland unter dem Namen Wildcat verkauft wurde.

Wenn einmal die ausführliche Geschichte des Allradantriebs im Automobilbau geschrieben wird, dann werden die siebziger Jahre des zwanzigsten Jahrhunderts als wesentliche Epoche gekennzeichnet werden. Denn in jenem Jahrzehnt lösten nicht nur die erste und zweite Ölpreiskrise einen Schock aus, von dem sich der Automobilmarkt allerdings sehr bald wieder erholte. Sie waren auch erfüllt von emsiger Betriebsamkeit in den Entwicklungsabteilungen, wo auf breiter Front nach neuen Wegen gesucht wurde. Wir reden hier nicht von der Motorentechnik, bei der Abgasreinigung, Sparsamkeit und immer wieder Leistungssteigerung im Vordergrund standen. Es ging auch darum, sich mit neuer Antriebstechnik Profil zu verschaffen.

In Deutschland sind diese Bemühungen untrennbar mit der Marke Audi verbunden, die 1980 im ersten Audi Quattro den permanenten Allradantrieb für Personenwagen vorstellte. Daran war seit Anfang 1977 fieberhaft gearbeitet worden. Das im Laufe der Jahre verfeinerte und auf das gesamte Modellprogramm übertragene Quattro-Prinzip gab dem bis dahin als brav und bieder geltenden Unternehmen jenen Anschub in Richtung gehobene Klasse, den der damalige Entwicklungschef und spätere Vorstandsvorsitzende, Porsche-Enkel Dr. h. c. Ferdinand Piëch, im Sinn hatte.

Die Idee dazu war allerdings aus einer ganz anderen technischen Ecke gekommen: Audi hatte im Auftrag der deutschen Bundeswehr einen Geländewagen namens Iltis konstruiert, der in insgesamt 12 000 Exemplaren ausgeliefert wurde. Der Iltis hatte einen kurzen Radstand, zuschaltbaren Allradantrieb und ganze 75 PS Leistung. Trotzdem erwies er sich auf der üblichen Wintertestfahrt nach Schweden im Februar 1977 den hochmotorisierten frontgetriebenen Audi-Limousinen als überlegen. Der Versuch, das Auto unter dem Namen VW Iltis mit bunten Farben statt Tarnanstrich auch an die zivile Kundschaft zu veräußern, scheiterte schon im Anfangsstadium: Als Verkaufspreis hatten die Neuerungen seit jeher zaghaft gegenüberstehenden Wolfsburger Vertriebsmenschen einen Preis ausgerechnet, der auf der Höhe des Range Rover lag und deutlich über dem mit etwas Verspätung serienreifen Mercedes G. Somit näherte sich der deutsche Beitrag zu einem erschwinglichen Volks-Geländewagen innerhalb der beginnenden Allradwelle sehr schnell einer Nullösung.

Anders in Japan. Auch dort hatte man in den siebziger Jahren erkannt, daß man sich mit Allrad-Pkw optisch und technisch profilieren konnte. Vorerst schlug allerdings nur Subaru den Weg zum Allrad-Pkw ein – in einer preisgünstigen zuschaltbaren Fassung. Toyota, Mitsubishi und Nissan machten sich daran, ihre im Bau von militärischen und für den harten beruflichen Einsatz konstruierten Geländewagen straßen- und alltagstauglich zu gestalten. Daihatsu und Suzuki, deren Schwerpunkt auf kleineren Pkw und Transportern lag, verlegten sich auf Kleinausgaben jener teilweise mächtigen und schweren Geländewühler. Im Gegensatz zum halbherzigen Iltis-Versuch gingen die Rechnungen in Fernost auf. Sie sahen so aus: In den weglosen Entwicklungsländern waren geländegängige Fahrzeuge schon immer gefragt. Robust und preiswert würden sie dort ihren Weg machen. In den hochindustrialisierten und vollasphaltierten Industriezentren Japan, West- und Mitteleuropa und Nordamerika lautete der Wahlspruch: Wenn kein Bedürfnis für Geländewagen da ist, dann muß eines geschaffen werden! Der Plan gelang. So wie es einst der Motorradhersteller Honda schaffte, das motorisierte Zweirad vom Arme-Leute-Fortbewegungsmittel zum schicken Mode-Pferdeersatz hochzustilisieren, so wurden die Allradautos vom Arbeitsgerät für Waldarbeiter zum bevorzugten Hingucker für Asphaltcowboys.

Daihatsu brachte diese Welle von Anfang an mit ins Rollen, und zwar mit dem Einsteigermodell Taft, der seit 1977 in Deutschland als Wildcat angeboten wurde. Davon ist im ersten Kapitel dieses Buches über automobile Meilensteine aus dem Hause Daihatsu und im Kapitel über Daihatsu in Deutschland ausführlich die Rede, so daß wir uns an dieser Stelle ohne weitere Umschweife guten Gewissens dem zweiten Allradstreich von den Daihatsu-Bändern zuwenden können: dem Rocky, der in Japan und einigen Exportländern Rugger genannt wird. Nicht umsonst texteten hiesige Werbeleute »Rokky, der Aufsteiger«, womit doppelsinnig nicht nur der Steigungswinkel von 85 Prozent (entspricht 38,25 Grad) gemeint war. Denn mit dem neuen 4×4-Modell kam Daihatsu größenmäßig an die ernstzunehmende Konkurrenz aus Japan, Deutschland und den USA heran, jedenfalls, was die jeweiligen Modelle mit kurzem Radstand betraf; als Rocky Station, der durch sein angehobenes Dach im Bereich über den Rücksitzen mehr Kopffreiheit und einen zusätzlichen äußeren Blickfang bietet, mißt er 4,13 Meter. Zum Vergleich: Isuzu Trooper kurz 4,15 Meter, Chrysler Jeep Cherokee 4,20 Meter, Mercedes G kurz 4,19 Meter, Mitsubishi Pajero kurz 4,00 Meter, Nissan Patrol kurz 4,15 Meter und Toyota Landcruiser kurz 4,06 Meter. Weil der Rocky aber darunter noch Ausgaben mit nur 3,80 Meter Außenlänge hat, die mit Plane Soft-Top und als geschlossenes Auto Wagon heißen, bietet er in jedem Fall den finanziell günstigeren Einstieg. Und noch ein Vorteil: Während die Konkurrenz teilweise nur Platz für vier bietet, sind alle Rocky-Versionen für das Fahren zu fünft ausgelegt. Die Daihatsu-Entwicklungsingenieure haben also den Markt sehr gut studiert und treffsicher in Schwachstellen gezielt, die andere offenbaren. Bei der Motorisierung begannen sie zunächst mit zwei Aggregaten: einer Zweiliter-Maschine mit 88 PS/65 kW (Benzin) und einem 2,8 Liter-Diesel, der 73 PS/54 kW leistet. Beide zeichnen sich durch namhafte Drehmomentstärke von 156 beziehungsweise 170 Newtonmetern aus, wobei der Benziner nur 1375 Kilogramm Leergewicht, der Diesel fast vier Zentner mehr bewegen muß. Beide erreichen eine Höchstgeschwindigkeit von 130 km/h. Weil der Otto-Motor im Durchschnitt rund zwei Liter mehr verbraucht, führte dieses Modell von Anfang an ein Schattendasein. Es wurde schließlich aus dem Deutschland-Programm genommen, als mit dem Feroza ein flott motorisierter Benziner auftauchte, der zudem von Anfang an mit geregeltem Katalysator auftrat, eine Zutat, die dem Rocky nicht gegönnt worden war. Der Rocky mit Ottomotor war obendrein schon seit 1986 von einem gleichstarken Turbodiesel bedrängt worden, der in seinen Verbrauchswerten sogar noch geringfügig unter dem Diesel ohne Aufladung lag. Diese Maschine leistete nach einiger Feinarbeit 91 PS/67 kW bei nur 3400 Umdrehungen pro Minute. Mit ihrem höchsten Drehmoment von 223 Newtonmetern bei 2200 Umdrehungen pro Minute verfügte sie über genau die Motorcharakteristik, die im Gelände und im Zugbetrieb gefragt ist. Es gab diesen Motor in allen drei Karosserievarianten, während der Saugdiesel der geschlossenen Wagon-Version vorbehalten war. Vorübergehend wurde der einfache Diesel auch in einem Rocky Pickup angeboten. Dieser 4,50 Meter lange Zweisitzer mit einer offenen Pritsche in der Größe 1,80 Meter mal 1,58 Meter gehört einer Fahrzeuggattung an, die in Deutschland schwer an Boden gewinnt. In den USA sind Pickups Millionenerfolge. Längst zum Städter geworden, pflegen die Amerikaner offensichtlich ihre Country-Vergangenheit und fahren mit solchen Lieferwagen ins Büro und ins Konzert. Auch in den Entwicklungsländern ist der Pickup beliebt, weil man auf ihm so gut wie alles transportieren kann. Die Deutschen sind mißtrauisch: Feuchtkaltes Wetter taugt nicht für offene Pritschenwagen. Und außerdem ist nicht nur alles zu sehen, was man darauf herumfährt – man könnte es sich ja auch bei Bedarf einfach herunternehmen! Das letzte Argument zählt offenkundig nicht in weit ärmeren Ländern. Über die Verkaufspsychologie des Pickups haben sich schon die Marketingfachleute verschiedener größerer Au-

Die vielseitigen Talente des Rocky als Einsatzfahrzeug, Pickup, mit Plane und geschlossen.

Der Rocky Station zweifarbig und mit Anbauteilen und Leichtmetallfelgen (links oben) und im Schnee unterwegs (unten).

tomobilkonzerne die Köpfe zerbrochen – mehr als diesen oder jenen Achtungserfolg und einige Promille Zulassungsanteil hat bisher in Deutschland niemand zustande gebracht. Es ist also keine Schande, wenn ein kleinerer Importeur wie Daihatsu mangels Nachfrage ein Modell aus dem Angebot nimmt. Bei Bedarf läßt es sich sehr schnell wieder einführen, weil es andernorts auf dieser Welt sehr wohl gefragt ist und deshalb auch in Japan weiter gebaut wird.

Stabilität im Vordergrund

Ein Allradauto vorzustellen, ohne die Fahrwerks- und Antriebstechnik ausführlich zu beschreiben, wäre wie ein Zylinder ohne Zündung. Beim Rocky hielten sich seine Konstrukteure an die bewährten Vorgaben, die seinen Vorgänger Taft/Wildcat ausgezeichnet hatten und ihm unter den Geländefans unzählige Freunde verschafften. Also: Starrachsen vorn und hinten, Blattfedern, das Ganze vorn und hinten mit Gasdruckstoßdämpfern abgestützt und als Zugabe vorn einen Stabilisator und einen Panhard-Stab. Immerhin waren ja Höchstgeschwindigkeiten von bis zu 140 Kilometern pro Stunde auf der Straße abzufangen. Der Rocky Station war eines der ersten Automobile überhaupt, das serienmäßig eine in drei Stufen elektrisch verstellbare Stoßdämpfung aufwies.

Auf trockener und fester Straße werden die Hinterräder des Rocky angetrieben. Der zuschaltbare Antrieb auf die Vorderachse geschieht im Wagon und Soft-Top von Hand, im Station elektrisch auf Knopfdruck. Zuvor müssen allerdings die vorderen Freilaufnaben, die ein überflüssiges Mitlaufen des Antriebsstrangs bei Normalbetrieb verhindern, umgeschaltet werden. Sinnvollerweise löst man sie auch wieder, wenn der Allradantrieb ausgeschaltet wird. Ursprünglich mußte man sich bei dieser Prozedur meist die Finger schmutzig machen, weil ein Drehschalter in den Naben der beiden Vorderräder betätigt werden mußte. Seit Anfang 1991 läßt es sich ohne Aussteigen und Bücken machen: Zuschalten des Vorderradantriebs, zwei bis drei Meter vorwärts fahren, und der Kraftschluß ist da. Soll der Freilauf wieder rein, muß der Rocky drei Meter zurück. Zusätzlich hat

Original italienische Bugpartie und deutscher Motor im Bertone Freeclimber auf Rocky-Grundlage.

der Rocky noch ein Untersetzungsgetriebe, wodurch zu seinen serienmäßigen fünf Gängen noch fünf Kriechgänge für schweres Gelände kommen. Gebremst wird vorn mit innenbelüfteten Scheiben, hinten mit Trommeln. Servolenkung hilft, die 15-Zoll-Räder und damit das ganze Auto in die gewünschte Richtung zu dirigieren.

In der Ausstattung bewegt sich der Rocky auf der Höhe von komfortablen Pkw. Zusätzlich zu den üblichen Instrumenten gibt es ein Clinometer, auf dem die Neigungswinkel in allen vier Richtungen abgelesen werden können. Üblicherweise mit Textilbezügen auf den Sitzen, sind auf Wunsch auch solche aus strapazierfähigem Kunststoff zu haben. Sie ergeben im Berufseinsatz Sinn, aber auch beim offen zu fahrenden Soft-Top, wenn von oben mal nicht nur Sonne, sondern auch Regen eindringt. Und noch eine Besonderheit – weniger für die Großfamilie als für die Arbeitsgruppe – soll erwähnt werden: Es gibt den Rocky auch mit zwei seitlichen Sitzbänken im Fond, so daß er als Sechs- und Achtsitzer in Wald und Feld rollen kann. Im Daihatsu-Deutschland-Programm ist der Personentransporter derzeit nicht zu finden, weil die Leute hier lieber in Fahrtrichtung sitzen und die Sicherheitsbestimmungen für die Querfahrt verschärft worden sind.

Zum Jahresbeginn 1991 hat Daihatsu seinem Rocky noch einen kräftigen Kraftschub verpaßt: Die Leistung des 2,8 Liter-Turbodiesels wurde mit Hilfe eines Ladeluftkühlers auf 102 PS/75 kW gesteigert. Das höchste Drehmoment von nunmehr 245 Newtonmetern schon bei 1900 Umdrehungen pro Minute bedeutet, daß der Turbo Intercooler, wie sein offizieller Beiname lautet, fast aus dem Stand voll durchzieht. Äußerlich ist der neue Rocky-Jahrgang »behutsam verfeinert«, wie die japanische Zentrale die Überarbeitung nennt: neue Gestaltung des Grills mit Betonung der Breite, kräftigere Stoßfänger vorn und hinten. Auffälligste und zudem nützliche Änderung ist eine Verlagerung des außen am Heck befestigten Reserverads nach rechts, wobei es gleichzeitig drei Zentimeter tiefer gerutscht ist. Mehr Rücksicht ist im beengten und hektischen mitteleuropäischen Verkehr immer gut. Äußere Hülle, Allradstrang und Armaturentafel des Rocky sind übrigens vom Altmeister des italienischen Autodesigns, Nuccio Bertone, bei Daihatsu eingekauft worden. Mit diesen Zutaten montiert er in seinem Werk Grugliasco vor Turin einen Nobel-Geländewagen namens Bertone Freeclimber, gewürzt mit edlen Beigaben in Form von Lederausstattung, einer Bugpartie aus der eigenen Stylingküche und durchzugskräftigen Motoren von BMW.

Beim Rocky haben die Daihatsu-Entwickler auch bei der Modellanpassung des Jahres 1991 der Versuchung widerstanden, den Fahrwerkscharakter des urigen Wühlers fürs Grobe modischen Strömungen anzupassen. Vollstarrachser mit Blattfedern rundum versprechen größte Dauerhaftigkeit in hartem Geländeeinsatz. Das bedeutet allerdings auf einem vollasphaltierten Markt wie dem deutschen, daß der Rocky in den Verkaufszahlen längst in den Schatten seines kleinen Bruders, des Daihatsu Feroza, geraten ist. Dieser Wagen ist die Antwort des Unternehmens auf die Nachfrage nach innenstadt- und autobahntauglichen Allradautos.

Fahndung nach dem Zeitgeist

Mitte der achtziger Jahre reiste eine dreiköpfige Abordnung aus der Daihatsu-Entwicklungsabteilung in Osaka rund um die Welt und machte auch in Frankfurt Station. Der damalige Leiter der Daihatsu-Presseabteilung, Klaus Rippelmeyer, hatte in einem Hotel ein Treffen mit drei deutschen Fachjournalisten verabredet. In höflichen und allgemein formulierten Fragen holten die Japaner Informationen aus erster Hand über den hiesigen Allradmarkt, seine Mängel und Bedürfnisse ein. Die Journalisten begriffen schnell, daß die Fragen einem konkreten Projekt galten – einem Rocky-Nachfolger oder einem zusätzlichen Modell. Obwohl die Deutschen sehr wohl als Menschen mit eigener Meinung gelten, konnten sich die drei Journalisten in fast allen Fragen auf eine gemeinsame Antwort einigen, die den Gästen auf Englisch übermittelt wurde: Der deutsche Geländewagenmarkt hatte sich so entwickelt, daß die Autos nicht mehr von einer Handvoll Fans für das Wühlen am Wochenende in der Kiesgrube gekauft wurden. Alltagstauglichkeit für die Straße war gefragt, auch und vor allem von Frauen, die sich zunehmend mit den auffälligen Formen schmückten und gern auch von Vorteilen wie der hohen Sitzposition und der damit verbundenen Übersicht profitierten. Das bedeutete vor allem mehr Fahrkomfort, eine sanftere Abstimmung des Fahrwerks, dazu eine Servolenkung für die Rangierbewegungen und eine wohnliche Ausstattung des Innenraums. Damit man bei Fernreisen auf der Autobahn nicht hoffnungslos zwischen die Laster gedrängt würde, war eine Höchstgeschwindigkeit nicht unter 140 Kilometer pro Stunde angesagt. Bei der äußeren Form rieten die Journalisten vom allzu heftigen Glattschleifen der abenteuerlichen Kanten ab: Der Anblick war's ja gerade, mit dem die Eigner sich von gemütlichen Limousinen abheben wollten. Ja, und dann noch etwas: Vier Türen schien

Der Feroza offen und geschlossen (links) und als Ausstellungsstück für die Tokyo Motor Show herausgeputzt (unten).

den Deutschen kein Luxus, da die Kletterei auf die Rückbank von Zweitürern ein Sport ist, der mit zunehmendem Alter immer weniger Spaß macht. Und wer sogar bei einem Mini wie dem Cuore mit damals 3,20 Metern Außenlänge vier Türen zaubert, der sollte das auch bei einem Auto von 3,69 Meter schaffen. So lang war er dann nämlich, der neue 4×4-Daihatsu, zu dem sich die drei Abgesandten aus Osaka alles fleißig mitnotiert hatten.

Das meiste fand sich im neuen Feroza wieder, mit dessen Namensgebung der deutsche Importeur nicht völlig glücklich war, weil es der werten Kundschaft erst einmal klar gemacht werden mußte, daß sich das »z« wie ein stimmhaftes »s« ausspricht. Der Feroza hatte eine äußere Form, die einem verkleinerten und nur geringfügig gefälliger gemachten Rocky glich. Auf jeden Fall wurde er sofort als Daihatsu erkannt. Vorn bekam der Feroza Einzelradaufhängung an doppelten Radquerlenkern mit Drehstabfedern und Stabilisatoren, hinten behielt man die spur- und sturzkonstante Starrachse an Blattfedern um der Geländegängigkeit willen bei. Die Außenbreite von 1,53 Meter gleicht der des Rocky, weshalb auch der Feroza auf der hinteren Bank Platz für drei bietet, das Auto also als Fünfsitzer zugelassen ist. Wenn er auf den ersten Blick doch ein wenig zierlicher wirkt, dann liegt das unter anderem an der um zehn Zentimeter verringerten Höhe – sie beträgt 1,72 Meter. Der Allradstrang entspricht dem Rocky – fünf Gänge, zuschaltbarer Antrieb auf die Vorderräder, Freilaufnaben und ein Reduktionsgetriebe für durchzugskräftige Schleichfahrt. Das Herzstück des Feroza liegt unter der Haube – in Form eines 1,6-Liter-Ottomotors mit Vierventil-Technik und elektronischer Zündung und Einspritzung. Der Motorblock entspricht dem im Applause. Hier allerdings ist er ein wenig gedrosselt – auf 95 PS/70 kW bei 5700 Umdrehungen pro Minute. Das höchste Drehmoment von 128 Newtonmetern wird bei 4800 Umdrehungen pro Minute erreicht. Der Feroza hat einen geregelten Dreiwege-Katalysator. Die Höchstgeschwindigkeit des leer 1160 Kilogramm schweren Autos beträgt – man erinnere sich einer Forderung der deutschen Fachjournalisten – autobahntaugliche 147 Kilometer pro Stunde. Mit einem Wendekreis von 10,9 Metern traut man und frau sich auch in

enge Tiefgaragen mit spitzwinkligen Kehren.
Die alte Streitfrage, ob ein zünftiger Geländewagen offen sein oder ein stabiles Dach haben müsse, wurde von Daihatsu mit »sowohl – als auch« beantwortet. In der Version Feroza EL II werden ein abnehmbares festes Kunststoffdach und eine Cabrioplane geliefert. Was will man also mehr? Nichts, ist frau versucht zu rufen, aber dann fallen ihr die dritte und vierte Tür für Kinder und Oma ein, und der Daihatsu-Verkäufer, den sie darauf anspricht, antwortet alles-oder-nichtssagend: »Warten Sie mal ab, gute Frau!« Denn natürlich ist die Geländewagen-Entwicklung bei Daihatsu nicht am Ende. Nachtrag zum Thema Feroza: Auch ihn hat Nuccio Bertone auserkoren, die Bänder seines Werkes mit einer Edel-Ausgabe zu füllen. Wenn dieses Buch erscheint, steht vielleicht schon fest, wie sie heißt und wie sie aussieht.

Allradantrieb auch für Kleinbusse und Pkw

Es war nur eine Frage der Zeit, bis Daihatsu das technische Konzept vier angetriebener Räder auf andere Modelle übertragen würde. Als erstes kam der Mini-Transporter Hijet an die Reihe, der 1985 in einer Allradausgabe vorgestellt wurde. Dieser Wagen gelangte dann auch nach Deutschland, damals noch unter der Typenbezeichnung Sparcar. Es war kein Zufall, ausgerechnet den Hijet zuerst so auszustatten. Denn in seiner Klasse war der Vierradantrieb keine bloße Mode, sondern eine Notwendigkeit. In Japan hatte sich nämlich, von ganz wenigen Ausnahmen abgesehen, bei den Mini- und Kleinbussen zwischen 3,20 Meter und fünf Meter Länge folgendes Konstruktionsprinzip durchgesetzt: Der Motor saß unter der vorderen Sitzbank, trieb aber die Hinterräder an. Diese Anordnung ist beispielhaft für die Raumausnutzung. Aber in unbeladenem Zustand ergeben sich Schwierigkeiten mit der Traktion: Auf glattem oder losem Untergrund, zumal an Steigungen, wird aus dem Fahrzeug sehr schnell ein mit pfeifenden Hinterreifen durchdrehendes Stehzeug. Mit Allradantrieb ist dieses Problem gelöst. Daihatsu setzte noch eins drauf und baute ein Untersetzungsgetriebe an, wodurch der Hijet 4 WD sogar noch ein ganz ordentliches Maß an Geländetauglichkeit erreichte.
Zuschaltbaren Allradantrieb gab es auch beim erneuerten Hijet-Modell, das unter diesem Namen von 1987 bis 1990 nach Deutschland exportiert wurde. Als Mini-Kipper ließ es sich sogar als Baustellenfahrzeug einsetzen. In Japan tragen die Busversionen, die auch eine gesteigerte Motorleistung aufweisen, den Namen Atrai. Das Modell Atrai Turbo 4 WD-SX wurde im Mai 1987 vorgestellt und hatte anstelle des bisher verwendeten zuschaltbaren nunmehr einen ständigen Allradantrieb.
Auch der Cuore, der in Japan Mira heißt, ist dort seit 1986 mit Allradantrieb erhältlich. Nach Deutschland ist dieses Modell bisher nicht gekommen, denn hier herrscht die verbreitete Meinung vor, daß für Kleinwagen der Frontantrieb an vielleicht 363 Tagen im Jahr zum Vorankommen ausreicht. Anders in Japan: Auch in der heiß umkämpften Mini-Klasse werden viele technische Neuerungen im Kleinformat angeboten, und Daihatsu als Marktführer muß hier nach Möglichkeit die Motorhaube vorn haben.
Für das darüberliegende Modell Charade schätzten die Daihatsu-Importeure in Deutschland, Österreich und der Schweiz die Chancen höher ein. Dieses Auto mit dem 1,3-Liter-Vierzylinder-Motor wurde gleichzeitig als Fronttriebler und mit permanentem Allradantrieb im Jahr 1989 eingeführt. Die Kraft wird im Normalfall im Verhältnis 50 : 50 auf die beiden Achsen verteilt. Eine Visco-Kupplung sorgt dafür, daß bei Schlupf auf einer Achse mehr Kraft zur anderen fließt. Das Prin-

Die Buchstaben 4 WD (für 4-Wheel-Drive) sagen klar, daß dieser Sparcar Allradantrieb hat.

zip der Visco-Kupplung ist einfach, aber wirksam: Im Innern eines zylinderförmigen Gehäuses sind zahlreiche Lamellenscheiben angeordnet, die – jeweils abwechselnd – mit der vom Verteilergetriebe kommenden Antriebswelle und mit der über das Gehäuse zur Hinterachse führenden Ausgangswelle verbunden sind. Das Gehäuse ist außerdem mit einer zähen Flüssigkeit gefüllt – man muß sich das so ähnlich wie Honig vorstellen –, die ähnlich wie beim Drehmomentwandler eines Automatik-Getriebes Kräfte übertragen kann.

Die Kraft, die über die Visco-Flüssigkeit übertragen wird, ist bei kleinen Drehzahlunterschieden zwischen Vorder- und Hinterachse nur gering. Drehen aber zum Beispiel die Vorderräder auf glattem Untergrund durch, greift die Visco-Kupplung sofort ausgleichend ein. Denn in ihrem Innern drehen sich die Lamellenscheiben der Antriebsseite deutlich schneller als diejenigen, die zur Hinterachse führen. Je größer der Drehzahlunterschied ist, um so kraftschlüssiger arbeitet die Visco-Kupplung durch den steigenden Innendruck im Gehäuse. Man kann sich das Wirkungsprinzip der Visco-Kupplung mit einem einfachen Versuch in jedem Haushalt deutlich machen: Man nehme ein Küchenmesser und drehe dieses langsam auf der Stelle in einem Honigglas. Das geht ohne Schwierigkeiten, das Glas wird ruhig stehenbleiben. Sobald aber das Messer schneller gedreht wird, kann der zähe Honig nicht mehr schnell genug abfließen, er wird scheinbar fest und versetzt durch Weitergabe der Kraft des rotierenden Messers das ganze Glas in Drehung.

Eine ganz ähnliche Konstruktion besitzt der Applause ZiL, das Allradmodell des Mittelklassewagens von Daihatsu. Hier sorgt zusätzlich zur Visco-Kupplung ein selbsttätiges Sperrdifferential mit einer Wirkung von 47 Prozent an der Hinterachse dafür, daß auch bei ganz und gar ungleichen Bodenverhältnissen noch ans

Fortkommen zu denken ist. Der Allrad-Applause wurde übrigens nicht nachgeschoben, sondern gleichzeitig mit dem Fronttriebler konzipiert und auch gebaut. Lediglich produktionstechnische Gründe führten dazu, daß der Applause ZiL im Jahr 1989 einige Monate später nach Deutschland lieferbar war.

Den großen Durchbruch auf dem Sektor Allrad-Pkw in Deutschland haben die Daihatsu 4 WD-Modelle Charade und Applause nicht erzielen können. Das haben auch weit größere in- und ausländische Anbieter bisher nicht vermocht. Ein entscheidender Grund besteht sicher darin, daß die zusätzliche Sicherheit, die der Allradantrieb in puncto Bodenhaftung bietet, nur im äußersten Fall spürbar wird. Und diesen (Un-)Fall vermag sich der Käufer zum Zeitpunkt seiner Entscheidung nicht vorzustellen und will es wohl auch gar nicht. Nach mehreren milden Wintern ist die eindrucksvollste Werbung so gut wie nicht mehr vorhanden gewesen: eine verschneite, vereiste Steigung, an der weit teurere, einachsig angetriebene Wagen liegenbleiben, während der Allradler sie scheinbar mühelos erklimmt. Aber selbst dieser Fall ist die Ausnahme im dichten mitteleuropäischen Verkehr: In einem kilometerlangen Autobahnstau nützt der beste Allradantrieb nichts, wenn alle anderen die Fahrbahnen verstopfen.

Und noch eins: Was den Erfolg der urigen Geländewagen gefördert hat, steht – jedenfalls in Mitteleuropa – der Verbreitung des Allrad-Pkw im Wege. Man soll dem Auto ansehen, daß es etwas Besonderes ist. Wer ein paar Tausender mehr ausgibt, der will offenbar, daß auch seine Nachbarn davon etwas zu sehen kriegen. Solch geistiger Einstellung steht auch die Verbreitung von fein ausgetüftelten technischen Dingen wie Allradlenkung oder elektronischem Fahrwerk entgegen, deren Sinn ja gerade darin besteht, daß sie unmerklich eingreifen. Wozu Geld hinlegen für etwas, was weder spür- noch auf den ersten Blick sichtbar ist? Verbreiten läßt sich dergleichen wahrscheinlich nur, indem es einfach serienmäßig angeboten wird, was wiederum für den konkurrenzfähig kalkulierenden Anbieter eine echte Preisfrage ist.

In Japan sieht das alles anders aus. Dort können die Käufer von den diversen elektronischen und mechanischen Helfern gar nicht genug bekommen – und zwar beim Fünfmeter-Schiff zur Repräsentation ebensosehr wie beim nach derzeitigen Normen 3,30 Meter messenden Mini-Mobil. Bei Allrad-Autos bedeutete eine solche Einstellung zur Technik einen Marktanteil von runden fünfzehn Prozent. In Deutschland liegen die Allrad-Pkw Ende 1991 gerade bei knapp zwei Prozent, hinzu kommt noch einmal der gleiche Anteil an Geländewagen. In den beiden Alpenrepubliken Österreich und Schweiz ist der Absatz von Fahrzeugen mit Vierradantrieb der vielen Steigungen wegen etwas höher.

Zukunft ist schon Gegenwart

Daihatsu ist seit seinem Bestehen ein Unternehmen, das sich durch geistige Beweglichkeit und schnelle Reaktion auf die Bedürfnisse des Marktes auszeichnet. Denken wir an den Einstieg als Zulieferer beim Bau von Eisenbahnwaggons und Lokomotiven in den zwanziger Jahren oder die rasche Umstellung auf kleine vierrädrige Transporter Ende der fünfziger Jahre, als offenbar wurde, daß die Zeit der Dreiräder ihrem Ende entgegenging. So nimmt es auch nicht wunder, daß Daihatsu sich schon in den sechziger Jahren der Entwicklung von Elektromobilen zuwandte. Das war eine Zeit, in der die breite Öffentlichkeit nicht über Luftverschmutzung diskutierte. Auch das in absehbarer Zeit bevorstehende Ende der fossilen Brennstoffe, als da sind Erdöl, Erdgas und Kohle, geriet erst ein Jahrzehnt später in die Schlagzeilen. Lärm in Form eines kernigen Auspufftons galt damals als Ausdruck von Sportlichkeit. Mit einem Wort: Kein Mensch dachte daran, daß es Alternativen zum Verbrennungsmotor zu entwickeln gälte, und zwar eines Tages vielleicht nicht nur als Mode oder Spielerei, sondern aus der Notwendigkeit, den Individualverkehr überhaupt noch aufrechterhalten zu können. Natürlich kam es bei der Vorstellung des ersten Prototyps mit Elektroantrieb am 25. November 1966 bei Daihatsu niemandem in den Sinn, daß Vehikel dieser Art in absehbarer Zeit in großen Stückzahlen auf den Straßen herumfahren würden. Die Hauptdaten der Unternehmensgeschichte Daihatsu in diesem Jahr waren andere, etwa die Einweihung der neuen Teststrecke in Shiga, der Verkaufsstart des neuen Kleinwagens Fellow oder der Klassensieg eines Daihatsu P-3 beim 3. Großen Preis von Japan. Aber immerhin war dieser erste Prototyp eines E-Mobils besser als alles bis dato Vorgestellte: Mit einer Ladung fuhr er 75 km/h schnell und 80 Kilometer weit.

Bis die ersten namhaften Stückzahlen von Elektromobilen ausgeliefert wurden, dauerte es noch bis zum Frühjahr 1970. Am 14. März wurden 275 Elektrofahrzeuge auf der Expo '70 in Betrieb genommen, die sechs Monate auf dem Messegelände von Osaka ihren Dienst als sechssitzige Personentransporter versahen. Das Fahrwerk war vom damaligen Daihatsu-Minitransporter entlehnt, auf das man einen halboffenen Aufbau mit Frontscheibe und Dach, aber ohne Seiten- und Heckscheiben gesetzt hatte. Mit ihrem geräusch- und abgaslosen Antrieb und ihrer Rundumsicht waren diese Fahrzeuge bestens geeignet, Besucher zu Besichtigungsfahrten zu transportieren. Weil dazu weder energieverzehrende Beschleunigung noch dem Straßenverkehr angepaßte Höchstgeschwindigkeit gefragt waren, spielten Kapazität und Gewicht der Batterien nur eine untergeordnete Rolle.

Im gleichen Jahre 1970 wurde Ende Mai der Prototyp eines leichten Verteilerfahrzeugs mit Elektromotor vorgestellt. Britannien-Reisende kennen die Mobile der dortigen Milchzustellung. Auf den britischen Inseln ist es bis heute üblich, daß der Milchmann (oder die Milchfrau) im Morgengrauen frisch gefüllte Flaschen

Zur Expo '70 in Osaka lieferte Daihatsu 275 Elektrofahrzeuge zum Personentransport (rechts).

vor die Haustür stellt und das Leergut mitnimmt. Aus der Zeit, da die Automobile laute Knattergeräte waren, stammt der Einfall, die Milch mit leise surrenden Elektrokarren auszufahren. Häufiges Anlassen des Motors und immer wieder Anfahren mit weiterem Lärm entfallen, wodurch der Schlaf der Untertanen Ihrer Majestät nicht vor der Zeit gestört wird. Im Zeitalter motorisierter Pendlerströme, die sich allmorgendlich in die Städte wälzen, mag das elektrische Milchauto eine liebenswerte Schrulle der Insulaner sein. Sie zeigt aber, daß scheinbar von der neuen Technik überholte Erscheinungen sehr schnell wieder als gut und nützlich befunden werden können, wobei sie freilich mit Hilfe neuer technischer und wissenschaftlicher Erkenntnisse modernisiert werden müssen.

Beim Verteilerfahrzeug besannen sich die Daihatsu-Entwickler auf ihre große Erfahrung im Bau von Dreirädern. Dieser Fahrzeugtyp bietet den für Elektrofahrzeuge wesentlichen Vorteil eines geringen Eigengewichts. Hinzu kommt seine unübertreffliche Wendigkeit im Innenstadtbereich. Der kleine Elektrotransporter mit der Typenbezeichnung DBC-1 besaß eine Front, die an den erfolgreichen Dreirad-Kleinwagen BEE erinnerte. Bei Daihatsu dachte man übrigens nicht an das Ausfahren von Milch, sondern an die morgendliche Zustellung von Tageszeitungen. Ein anderes Sonderfahrzeug betraf ein Gebiet, wo ebenfalls die Ruhe im Vordergrund steht: den Golfplatz. Der dreirädrige Daihatsu Masters aus dem Jahre 1970 war im Gegensatz zum DBC-1 nicht straßentauglich, besaß also weder Beleuchtung, Rückspiegel und nur eine angedeutete Windschutzscheibe.

Einzelstück blieb ein Prototyp in Kleinwagengröße namens EV-1, während ein 1973 vorgestelltes Dreirad namens Trike zwei Jahre später unter der Typenbezeichnung Hello in Serie ging. Dieses Fahrzeug war seiner Zeit zweifellos um einiges voraus. Es glich einem Motorroller mit drei Rädern. Batterie und Antrieb des Einsitzers waren über der Hinterachse angebracht.

Größeres Aufsehen erregten zwei Dutzend E-Mobile von Daihatsu auf der Ocean Expo in Okinawa. Im Grundgedanken den Fahrzeugen auf der Expo '70 in Osaka nicht unähnlich, war ihre Beförderungskapazität mit vier Sitzreihen auf acht Personen ausgelegt. Von sich reden machte die Daihatsu-Entwicklungsabteilung für Elektrofahrzeuge wieder auf der 26. Tokyo Motor Show im Herbst 1985, als ein zweisitziger Prototyp na-

Ideal leise und abgasfrei für die Fahrt durch das Ausstellungsgelände: Elektrofahrzeug von Daihatsu für die Ocean Expo in Okinawa (oben). Unten der zweisitzige Prototyp. BCX-5, der auf der Tokyo Motor Show 1985 zu sehen war.

Das ideale Stadtmobil: E-Dreirad BC-7 von 1989 (oben). Zehn Expemplare des BC-7 und drei weitere Typen mit Elektroantrieb wurden für die Gartenbauausstellung 1990 in Osaka gebaut (unten).

mens BCX-5 ausgestellt wurde. Mit einer Länge von 2,70 Meter war er als reines Stadtfahrzeug gedacht, was auch aus seiner Reichweite von 50 Kilometer bei einer Geschwindigkeit von 40 km/h hervorgeht. Die Daihatsu-Ingenieure hatten den voll verglasten und damit allwettertauglichen Wagen mit zukunftsträchtiger Technologie vollgepackt. So öffneten sich die Türen statt mit einem Schlüssel, den man verlieren kann, durch Eingeben einer achtstelligen Geheimnummer. Verschiedene Bedienungselemente wie Blinker, Hupe und Innenverriegelung ließen sich durch Zuruf des Fahrers in Bewegung setzen. Zum leichteren Einstieg verschob sich der Fahrersitz auf Knopfdruck um vierzig Zentimeter.

Solche elektronischen Feinheiten sind aber nicht entscheidend für einen möglichen Siegeszug des Elektroautos. Dieser steht und fällt mit leichteren und leistungsfähigeren Batterien. Vier Jahre später, auf der 28. Automobilausstellung in Tokio, stand der Fortschritt in Gestalt des Daihatsu BC-7 auf dem Podest. Aus der Tatsache, daß diesmal kein X im Namen war, konnte man die feste Absicht zur Serienproduktion ablesen. Wieder einmal hatte sich das Unternehmen auf seine Dreiraderfahrung besonnen und einen halboffenen, straßentauglichen Einsitzer entworfen – das typische Pendlerauto für den Berufsverkehr: nur zwei Meter lang und mit einem Wendekreis von vier Metern! In Zusammenarbeit mit der Kansai Electric Power Co., Ltd. und der Japan Storage Battery Co., Ltd. war es

mit Hilfe von brandneuen Nickel-Zink-Batterien gelungen, dem BC-7 eine Reichweite von 180 Kilometern zu verschaffen – bei einer Geschwindigkeit von 40 km/h. Dieser Einsitzer kam als erstes E-Mobil von Daihatsu nach Europa, zunächst als Ausstellungsstück auf einem Automobilsalon im Frühjahr 1992.
Auf der Gartenbauausstellung 1990 in Osaka waren zehn BC-7 im Einsatz – innerhalb einer ganzen Flotte von Daihatsu-E-Mobilen. Dazu kamen sechs eigens für diese Veranstaltung entwickelte zweisitzige Mini-Traktoren, die auf den Namen Tentokun (zu deutsch: Marienkäfer) getauft wurden. Weiter taten acht viersitzige Wagen vom Typ Masters Green für die Presse und für den Krankentransport Dienst. Zum Transport von prominenten Gästen in dem weitläufigen Gelände stand ein Masters Liner mit acht Sitzen zur Verfügung, halboffen und früheren Ausstellungsfahrzeugen nicht unähnlich, dazu sieben weitere Fahrzeuge dieses Typs, um Arbeitskräfte zu befördern. Auch die Abfälle wurden auf zehn Fahrzeugen vom Typ Eleport Junior geräusch- und abgaslos abgefahren. Die Gartenbauausstellung erwies sich damit so ganz nebenbei als eine Auswahlschau mit praktischer Erprobung für die gesamte Palette der Elektrofahrzeuge aus dem Hause Daihatsu. Es fehlte eigentlich nur der Hijet EV, von dem 1990 rund einhundert Exemplare gebaut wurden. Der Fahrzeugtyp des Kleintransporters eignet sich am besten zum Umbau in ein Elektrofahrzeug. Er hat nicht nur den Vorteil des geringen Eigengewichts, sondern bietet auch reichlich Platz für die Batterien, die bei Prototypen auf der Grundlage herkömmlicher Pkw meist den gesamten Gepäckraum und bei Kompaktwagen sogar noch den Raum für die Fondpassagiere einnehmen. Im Jahre 1990 lieferte Daihatsu außer rund einhundert Hijet EV noch weitere 330 Elektromobile aus. Die bisher letzte Entwick-

Auf den treffenden Namen Marienkäfer wurde dieser zweisitzige E-Traktor getauft (oben). Ebenfalls auf der Gartenbauausstellung 1990 in Osaka im Einsatz: ein viersitziges Fahrzeug für Sanitäter und Notarzt (links). Tanken an der Steckdose mit dem Elektro-Kleinbus von Daihatsu. Auch den aktuellen Hijet gibt es mit elektrischem Antrieb (links unten).

lung auf diesem Gebiet ist der Umbau des Feroza in ein Modell EV, wobei die beiden Buchstaben für »Electric Vehicle« stehen. In Zusammenarbeit mit der Kansai Electric Power Company, die auch gleich sechsundzwanzig Exemplare des Wagens übernahm, wurde das Allradauto mit zwanzig Bleibatterien ausgestattet, die einen Elektromotor mit 20 Kilowatt (etwa 26 PS) antreiben. Bei einer gleichmäßigen Geschwindigkeit von etwa 40 km/h reicht eine Batterieladung für eine Fahrtstrecke von 200 Kilometern. Die Höchstgeschwindigkeit beträgt 90 km/h, die Steigfähigkeit mit zugeschaltetem Vorderradantrieb 21 Prozent. Die Produktionszahl von Elektrofahrzeugen mag im Vergleich zu den Millionen Autos mit Otto- und Dieselmotor gering erscheinen. Aber die Erfahrung von insgesamt rund 6000 hergestellten E-Mobilen im Hause Daihatsu seit 1964 ist ein Kapital, das sich wahrscheinlich schon in naher Zukunft auszahlen wird.

Auf dem härtesten Markt der Welt

Die Geschichte von Daihatsu in Deutschland kann nicht geschrieben werden, ohne an führender Stelle eines Mannes zu gedenken, der einer der erfahrensten Automobilimporteure nach dem Zweiten Weltkrieg war: Ernst G. Roffhack, der im Jahre 1990 verstarb – kurz bevor die Arbeiten zu diesem Buch aufgenommen wurden. Es ist keine Übertreibung zu sagen, daß dieser Mann Fahrzeuge aus allen wichtigen automobilproduzierenden Ländern seiner Zeit einführte: aus den USA, aus Großbritannien, aus Frankreich, aus Italien, aus Polen und – zum guten Ende in den achtziger Jahren mehr als ein Jahrzehnt aus Japan.

Roffhack war kein Manager, der im Auftrag handelte, sondern Unternehmer. Seine Firma Walter Hagen & Co. führte er in eigener Verantwortung und leistete dabei immer Pionierarbeit. Seine langjährige rechte Hand, sein Vertriebschef Hausmann, erinnert sich, daß Roffhack auf die Idee zum Automobilhandel in Hamburg kam. Dorthin waren die beiden aus der Textilstadt Krefeld gereist, um mit den Produkten ihrer Stadt zu handeln. Roffhack sah schon ganz kurz nach Kriegsende die Massenmotorisierung voraus und begann mit dem Import von Studebaker aus den USA.

In vier Jahrzehnten wurden Autos aus sechs Ländern eingeführt. Warum der Wechsel? Zum Teil lag er darin begründet, daß die Firma der importierten Marke aufgab oder von einer größeren aufgekauft wurde. Zum anderen begannen manche Firmen in Deutschland über den freien Importeur Hagen & Co. mit dem Aufbau eines Händlernetzes. Nach einigen Jahren, wenn sich die Erfahrung der Krefelder ausgezahlt hatte, übernahmen sie den Deutschland-Vertrieb in Eigenregie. So geschehen im Falle Peugeot, Autobianchi/Lancia und schließlich Daihatsu, wobei die letztere Marke ein Sonderfall war: Ernst Günther Roffhack, der um sein nahes Ende wußte, nahm keinen neuen Anlauf mehr – Kanditaten aus den USA und aus Korea hat es gegeben. Er gab nicht nur die Vertriebsrechte für dieses Land an die neugegründete Daihatsu Deutschland GmbH, eine Tochtergesellschaft der japanischen Stammfirma. Er sorgte auch dafür, daß die gesamte Belegschaft, die mit Daihatsu beschäftigt war, von den neuen Inhabern übernommen wurde. Seine eigene Firma Hagen & Co. wandelte er in eine Stiftung um. Dort verblieb der Handel mit Autozubehör, vorwiegend unter der Marke »aroso«. Damit haben wir aber mehr als ein Jahrzehnt übersprungen. Gehen wir zunächst zurück in das Jahr 1976.

Ein griechischstämmiger, in den USA aufgewachsener Kaufmann namens Peter Kondogouris, der in seinem Heimatland ein kleines Automobilwerk namens Namco unterhält, war in Japan unterwegs. Er suchte nach Bauteilen für sein Mobil Pony, das damals auf der technischen Basis des Citroën 2 CV aufgebaut wurde. Bei seinen Gesprächen mit Daihatsu stieß er auf den soeben neu entwikkelten Daihatsu Taft F 10, einen kleinen Geländewagen, mit dem die Firma technisches Neuland betrat und der im Kapitel am Anfang dieses Buches ausführlich beschrieben ist.

In Japan zählen die Geländewagen zur Kategorie der leichten Nutzfahrzeuge. Dementsprechend nahm Peter Kondogouris den Aufbau eines Vertriebsnetzes in Deutschland auf – ausgehend von Landmaschinen- und Traktorenhändlern. Als Zentrale nutzte er seine seit 1957 in München ansässige Firma Inthelco, die sich bis dahin vorwiegend mit Handel

Das erste Daihatsu-Modell in Deutschland war der kleine Taft F10, hier als Wildcat verkauft (oberes Bild). Hübscher und stärker motorisiert: das Modell F20 mit 1,6 Liter-Ottomotor (unten).

und Technologietransfer in Richtung Griechenland beschäftigt hatte.
Den Namen Taft hielt man bei Inthelco für wenig geeignet für einen kleinen Geländewühler. Man ließ sich die Typenbezeichnung Wildcat schützen. So rollten im Jahre 1977 die ersten Daihatsu Wildcat F10 über die deutschen Straßen – und Felder. Denn der kleine Daihatsu wurde mit zahlreichen Anbauteilen für den landwirtschaftlichen Betrieb angeboten. Über die Zapfwelle wurden Geräte wie Heuwender und Melkmaschinen in Bewegung gesetzt. Speziell im Alpengebiet erfüllte der Wildcat die Aufgaben eines leichten Traktors. Auch als Schneepflug taugte das Auto, wobei seine überlegene Traktion besonders deutlich hervortrat.

Später, als die Allradwelle in Deutschland so richtig in Bewegung kam, besann man sich bei Inthelco, daß der Wildcat auch zu Schaueffekten mitten in der Stadt geeignet war.
Ein besonderer Aufmerksamkeitserfolg gelang, als ein Wildcat Special für eine Saison in den Katalog des Post-Shop aufgenommen wurde. Dieser jugendliche Ableger des Otto-Versands versuchte damals, mit besonderen Gags für sein Programm zu werben. So gab es einen jungen Hausesel aus der Türkei oder ein Mini-Cabrio namens Gamine auf der Basis des Fiat 500 – und eben den Daihatsu Wildcat Special für 19 990 DM.
Das war aber schon nicht mehr der F10 mit der bescheidenen Einliter-Maschine.

Der Wildcat als Arbeitstier und als Schmuckstück (unten).

Sonderanfertigung für die Internationale Automobilausstellung 1983: ein viertüriger Wildcat (rechts). Umbau mit hohem Dach der Firma Fürst in Memmingen und ein Blick auf den Allrad-Triebstrang (unten).

Zur Wahl standen der F 20 LK mit 1,6-Liter-Motor und 66 PS/48 kW als Benziner und der F 50 LK mit 2,5-Liter-Diesel-Maschine und 62 PS/46 kW. Die Werbefotos im damaligen Katalog würden heute auf Widerspruch stoßen: Da stehen Männlein wie Weiblein während der Fahrt durchs Gelände (!) auf den Rücksitzen, und einer läßt gar seine Beine lässig nach draußen über den Kotflügel baumeln. Was Werbe-Menschen Ende der siebziger Jahre so alles einfiel, wenn sie etwas unter dem Stichwort Abenteuer und Freiheit verkaufen wollten!

Zum Daihatsu-Geländewagen – der Rokky, der 1984 den Taft ablöste, hieß bei Inthelco Wildcat GL – kam der Minibus und Minitransporter von Daihatsu, dem man ebenfalls einen eigenen Namen gab: Die Münchner nannten ihn Sparcar, was wohl den Tatsachen entsprach, aber in der in den achtziger Jahren immer reicher werdenden Bundesrepublik Deutschland einen ärmlichen Beigeschmack hatte. Die Werbung schlug auch hier wieder voll zu, denn im Prospekt war der Sparcar »so sparsam, daß Sie das Benzin mit der Pipette einträufeln können!«

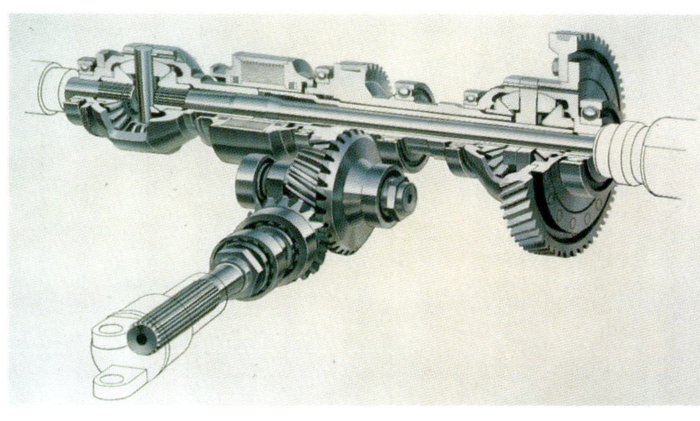

Der kleine Fünftürer kam zunächst mit der Original-Motorisierung der damaligen japanischen Mini-Klasse nach Deutschland, einem 547 Kubikzentimeter kleinen Zweizylinder-Viertakter mit einer Leistung von 26 PS/18 kW. Bei einem Leergewicht von 700 Kilogramm betrug die Nutzlast 580 Kilogramm. Der Wendekreis von nur 7,6 Meter machte den 3,22 Meter kurzen Sparcar zum idealen Kleintransporter für die Stadt. Er war als Zwei- oder Viersitzer im Angebot. Nur mit Vordersitzen besaß er eine Laderaumlänge von 1,75 Meter – alles Werte, wie sie bei keinem europäischen Fahrzeug zu finden waren. Der Grund für diese Geräumigkeit bei kürzesten Außenmaßen: Der Motor saß platzsparend unter den Vordersitzen. Wir wollen die Nachteile des Sparcar nicht verschweigen: Die Motorleistung taugte – namentlich in beladenem Zustand – nur für bescheidene Beschleunigung und Geschwindigkeit, und mit der Aufprallsicherheit sah es nicht sehr günstig aus.
Das Nachfolgemodell ab 1983 mit den Zusatzbuchstaben S 70 beseitigte zumindest die Leistungsschwäche. Antriebsag-

Was man aus einem Sparcar und Hijet alles machen kann: Mini-Pritsche, Wohnmobil mit Klappdach und Festaufbau (linke Seite), Kombi mit Normal- und Hochdach, Taxi und Behindertenfahrzeug.

gregat war jetzt ein Dreizylinder mit 837 Kubikzentimeter und einer Leistung von 40 PS/29 kW, ein Verwandter des Motors, der heutzutage im Daihatsu Cuore zu finden ist. Damit kam der Sparcar immerhin auf 110 km/h Höchstgeschwindigkeit. Die kleinen Zehn-Zoll-Reifen, auf denen das erste Modell dahergehoppelt kam, wurden durch zwölf Zoll große ersetzt. Ein wahlweise erhältliches Hochdach erhöhte die Kopffreiheit. Eine Pritsche und ein sechssitziger Bus wurden ins Programm genommen. Etwas später kam ein Sparcar mit zuschaltbarem Allradantrieb, der die Traktion verbessern half. Zwei Jahre später wurde der Motor abermals vergrößert. Im Sparcar 1000 arbeitete das aus dem Charade bekannte Ein-

Ein kleiner Daihatsu als Kipper zum Kehrichtsammeln (links) und ein echtes Einzelstück: der einzige Delta Route Van, der in Deutschland zugelassen wurde (rechts).

Liter-Aggregat mit etwas gedrosselter Leistung, aber gegenüber dem Vormodell gesteigertem Drehmoment, was mehr Kraft bedeutete. Bevor Ende 1987 der neue Daihatsu Hijet den Sparcar ablöste, lief der Vertrag des Stammwerkes in Japan mit seinem Münchner Importeur für leichte Nutzfahrzeuge aus.

Ehe wir uns dem Import von Personenwagen nach Deutschland zuwenden, muß noch eine Episode aus dem Nutzfahrzeugbereich nachgetragen werden: Auf der Internationalen Automobilausstellung im September 1981 in Frankfurt am Main stellte Inthelco einen exotisch anmutenden Transporter aus. Er war 4,69 Meter lang, 1,69 Meter breit und 2,08 Meter hoch. Hinter drei Sitzen vorn erstreckte sich ein Laderaum mit den Maßen 3,10 Meter Länge, 1,52 Meter Breite und 1,29 Meter Höhe. Seine Zuladung wurde mit zwei Tonnen angegeben. Angetrieben wurde dieser Daihatsu Delta Route Van von einem 2,5-Liter-Dieselmotor mit 62 PS/46 kW. Der für das Frühjahr 1982 angekündigte Lieferbeginn kam nie in Gang. Die Gründe lassen sich ein Jahrzehnt später nicht mehr erhellen. Vielleicht war die kleine Importfirma zu diesem Einstieg in den Nutzfahrzeugmarkt organisatorisch nicht stark genug. Denn bis heute hat nur Mitsubishi einen zahlenmäßig bescheidenen Versuch unternommen, oberhalb der Eintonner-Klasse in Deutschland leichte Nutzfahrzeuge abzusetzen. Womöglich war der Wagen auf seiner stabilen Rahmenkonstruktion zu schwer, zu schwach motori-

siert und der einheimischen Konkurrenz nicht gewachsen, weil er erkennbar vom Lkw abgeleitet war – jener Delta-Baureihe von Daihatsu, die inzwischen längst modernisiert und in optisch und technisch sehr viel ansprechenderer Form gebaut wird.
1979 hatte Ernst Günther Roffhack mit seiner Firma Hagen & Co. den Import von Daihatsu-Personenwagen begonnen. Diese Zweigleisigkeit hatte auf dem deutschen Markt zu vielen Mißverständnissen geführt, da hier Geländewagen und Kleinbusse als dem Pkw-Markt zugehörig empfunden werden. Auch zwischen den beiden Importfirmen gab es immer wieder Reibungspunkte. Somit verlängerte Daihatsu Japan den Vertrag mit Inthelco nicht mehr und übertrug nunmehr den Import aller Fahrzeuge der Firma Hagen & Co. in Krefeld. Bis zu diesem Zeitpunkt hatte Inthelco nach Aussage der Geschäftsführerin Ursula Schwab in mehr als zehn Jahren über 10 000 Fahrzeuge vom Typ Wildcat und Sparcar eingeführt. Weil die Namensrechte bei Inthelco lagen, hießen diese Autos ab Jahresbeginn wieder europaeinheitlich Rocky und Hijet. Inthelco bleibt die Ehre, mit dem kleinen Wildcat das erste Daihatsu-Modell nach Deutschland gebracht zu haben.

Ein angesehener Partner

Ernst Günther Roffhack mußte nicht nach Japan fliegen, um mit Automobilfirmen in Kontakt zu kommen. Sein Unternehmen war so bekannt, daß auf dem Hof seiner Firma in der Krefelder Pestalozzistraße des öfteren Sendboten aus Fernost auftauchten. In den siebziger Jahren begannen die Japaner bekanntlich in größerem Stil mit ihrer Ausfuhr nach Deutschland, nachdem sie zuvor schon in europäischen Ländern ohne eigene Automobilproduktion Fuß gefaßt hatten, zum Beispiel in Skandinavien und Österreich.
Sie fanden in Krefeld einen offenen Gesprächspartner. Hagen & Co. importierte damals die Marken Autobianchi und Polski Fiat. Beide Firmen produzierten Automobile mit Fiat-Technik.
Bei Autobianchi war spätestens nach dem Erwerb von Lancia durch den Fiat-Konzern absehbar, wann das Aus für die Marke kommen würde. Denn der Platz eines Edel-Fiats ließ sich mit dem Namen Lancia besser ausfüllen als mit dem eines Autobianchi. In der Tat übernahm die Heilbronner Fiat-Zentrale Anfang der achtziger Jahre die pfiffigen Flitzer vom Typ A 112 ins Lancia-Programm.
Nicht viel besser sah es mit Polski Fiat aus. Das Modell 125 p stammte in Form und Technik aus den siebziger Jahren. Der neue Polonez sah mit seinem Schrägheck zwar besser aus, hatte aber ebenfalls Fahrwerk und Motoren aus alter Zeit unter dem Blech. Fiat versuchte aus der Not eine Tugend zu machen und faßte den Vertrieb von Lizenz-Fiat-Modellen aus Spanien (Seat), Polen (Polski Fiat, später Pol-Mot) und Jugoslawien (Zastava) in einer eigenen Vertriebsgesellschaft namens Promotor zusammen. Dieser Versuch verlief nach einigen mühevollen Jahren im Sande.
In der Krefelder Pestalozzistraße wurden unter anderem Abgesandte von Mazda gesichtet und – unter Ausschluß der Öffentlichkeit – ein Großer Bahnhof für Eiji Toyota organisiert. Der Enkel des Firmengründers und dritte Präsident der Familie wollte nicht nur die Service- und Büroeinrichtungen des Importeurs Hagen & Co. sehen. Er nutzte die Gelegenheit, sich eine Reihe von deutschen Konkurrenzfabrikaten anzuschauen, die in aller Eile beschafft wurden.
Für die eigene Marke schien dem Chef des Toyota-Imperiums der damalige Polski Fiat- und Autobianchi-Importeur offensichtlich eine halbe Nummer zu klein. Aber Toyota hatte sich 1967 bei Daihatsu eingekauft, und diese Marke mit Schwerpunkt auf dem Kleinwagensektor war in

Der erste Daihatsu-Pkw in Deutschland: das viertürige Charade-Modell.

Japan an eine führende Stelle gerückt. Es galt, eine konkurrenzfähige Größe für Daihatsu zu sichern, indem die Firma mit der weltweiten Ausfuhr begann. Mag sein, daß dem Toyota-Präsidenten beim Anblick der kleinen Autobianchi A 112 der Gedanke kam, dieser Ort sei der richtige, von dem aus der damals schon serienreife Charade mit dem neuartigen Dreizylindermotor Verbreitung im wichtigsten Autoland Europas finden könnte.
Jedenfalls flogen Roffhack und Hausmann einige Zeit später nach Osaka und kamen nach problemlosen Verhandlungen mit einem Vertrag als Generalimporteur für Daihatsu-Pkw in der Bundesrepublik Deutschland zurück. Als erstes Modell wurde im Jahre 1979 der neue Fronttriebler mit dem nagelneuen Einliter-Dreizylinder vorgestellt. Bis heute streiten sich Gelehrte und Ungelehrte, ob es nun die Charade oder der Charade heißt. Grundsätzlich sind Autonamen im Deutschen männlich, obwohl es das Auto heißt. Grundsätzlich ist dieser Begriff, der aus dem Französischen stammt, weiblich. Die deutsche Schreibweise ist übrigens Scharade. Es handelt sich um ein Gesellschaftsspiel, bei dem Begriffe pantomimisch dargestellt und von den Anwesenden erraten werden müssen.
Weil wir gerade bei Autonamen sind: Mehr als zehn Jahre später brachte der französische Hersteller Renault ein Stufenheck der Modellreihe 19 auf den Markt und nannte es Chamade. Eine weniger friedfertige Firma als Daihatsu hätte es auf eine Klage wegen allzu großer

Ähnlichkeit mit Charade ankommen lassen. Wie Beispiele aus der Rechtsprechung zeigen (Audi untersagte Renault erfolgreich den Gebrauch der Zusatzbezeichnung Quadra für seine Allradmodelle, weil es zu nahe an Quattro sei; Opel gar prozessierte vor Jahren gegen Honda, weil der Name Accord ähnlich wie Rekord klinge), wäre ein solcher Prozeß mit großer Wahrscheinlichkeit zugunsten von Daihatsu ausgegangen. Jedenfalls hätte ein solches Verfahren beiden Autos eine zusätzliche Erwähnung in der Presse verschafft. Bei Daihatsu entschied man sich nach fernöstlicher Art, die Sache nicht an die große Glocke zu hängen.

Die Vorstellung der neuen Marke Daihatsu und der neuen Charade erfolgte Anfang 1979 in Bad Neuenahr, der Heimatstadt des damaligen Hagen-Pressechefs Klaus W. Lück. Diese rheinische Frohnatur, die leider noch vor Erreichen der Altersgrenze das Zeitliche segnete, hatte eine Eigenschaft, die in der Presseabteilung eines Unternehmens von unbezahlbarem Wert ist: Wenn man ihn anrief oder persönlich traf, vermittelte er augenblicklich das Gefühl, er habe gerade auf einen gewartet – auch wenn möglicherweise das Gegenteil der Fall war. Er behandelte alle Journalisten wie alte Freunde, und seine Hilfsbereitschaft fand ihre Grenze nur, wenn sie die Leistungsfähigkeit des vergleichsweise kleinen Unternehmens überschritt.

Der kleine Dreizylinder wurde wohlwollend aufgenommen. Wir zitieren die Saarbrücker Zeitung vom 16. März 1979: »Die Daihatsu Charade, die eine gefälligunauffällige Form hat und auf den ersten Blick einem viertürigen Polo ähnelt, kostet auf dem deutschen Markt 9995 DM. In diesem Preis ist eine recht komplette Ausstattung enthalten. An Extras werden nur ein Heckscheibenwischer/-wascher (120 DM), Metallic-Lackierung (120 DM), Drehzahlmesser und Radio angeboten. Auf einer über zweihundert Kilometer langen ersten Kurztestfahrt durch die winterliche Eifel, auf der dem Wagen nichts geschenkt und der fünfte Gang nur auf einem Autobahnteilstück eingesetzt wurde, verbrauchte die Charade 7,6 Liter auf einhundert Kilometern. Bei alltäglicher Fahrweise dürfte man mit einem Liter Normalbenzin weniger auskommen. Der fünfte Gang setzt die Drehzahl bei Höchstgeschwindigkeit von rund 140 km/h von 5500 Umdrehungen pro Minute auf 4500 U/min herab und mindert das Motorgeräusch deutlich. Der Dreizylinder, zehn Prozent leichter als ein entsprechender Vierzylinder, erwies sich in den unteren Drehzahlen als etwas rauh – trotz einer gegenläufigen Ausgleichswelle. Das Fahrwerk – vorn Einzelradaufhängung und McPherson-Federbeine, hinten Schraubenfedern und eine an vier Längslenkern und Panhardstab aufwendig geführte Starrachse – hielt die Charade auch in scharf gefahrenen Spitzkehren mit dem problemlosen Frontantrieb tadellos auf der Straße.«

Dem viertürigen Charade wurde im Herbst ein Zweitürer mit Heckklappe nachgeschoben, wobei sich die Daihatsu-Verkaufsorganisation nicht recht traute, ihn Coupé zu nennen. Außenlänge und Motorleistung glichen der Limousine. Der Gag war ein Bullauge in der hinteren breiten Dachsäule. Damals hielt man die gestalterische Anleihe beim Schiffsbau für eine fernöstliche Absonderlichkeit. Heutzutage, da sich die Autofahrer gern aus der blechernen Einheitsschlange abheben und die Hersteller dieser Nachfrage zunehmend Rechnung tragen, gilt das erste Charade-Coupé mit dem runden Fenster mehr als ein Jahrzehnt später als gesuchter Gebrauchtwagen.

Anfang 1980 unternahm die Firma Hagen den Versuch, dem Charade durch Leistungssteigerung mehr Ansehen zu verschaffen. Hintergrund dieser Bemühungen war die Tatsache, daß es galt, die Kundschaft des Autobianchi bei den Händlern zu halten. Dieser Wagen hatte mit seinen Abarth-Versionen immer zu

Neue Bugpartie im Jahre 1981; die rechteckigen Scheinwerfer betonen die Breite.

DAIHATSU
CHARADE

Autorennen getaugt und dort auch beträchtliche Erfolge erzielt. Aus Japan waren aber zu diesem Zeitpunkt noch keine Mini-Renner zu erwarten. Also tat sich die Hagen-Verkaufsförderung mit den Kölner Firmen Automobile Fick und Viktor Günther zusammen, um ein Modell mit der Zusatzbezeichnung Jet zu entwickeln. Der Charade Jet brachte eine Leistung von 60 PS/44 kW. Die Steigerung wurde durch die Verwendung eines Dreifach-Fallstromvergasers, eines neuen Ansaugkrümmers und eines speziellen Luftfilters erreicht. Ein geändertes Fahrwerk von Bilstein, hinten Gasdruckstoßdämpfer, vorn Federbeine und Leichtmetallfelgen mit Reifen der Größe 165-70-13' sowie ein Drehzahlmesser vervoll-

Das legendäre Bullaugen-Coupé Charade Runabout aus dem Jahre 1981 und das Turbo-Modell der nächsten Generation mit der abgerundeten Bugpartie von 1985 (unten).

ständigten den Umbausatz, während das Jet-Modell außen an Frontspoiler, Sportspiegel und Zierstreifen mit Schriftzug erkennbar war.
Im Jahre 1983 brachte Daihatsu ein neues Charade-Modell auf den Markt. Es war zehn Zentimeter länger, vier Zentimeter breiter und vier Zentimeter höher als der erste Charade. Das Ziel hieß: mehr Innenraum. Durch eine etwas eckigere Form der Karosserie wirkte die zweite Ausgabe des Charade bulliger. Mit seinem Erscheinen endete auch die Phase mit nur einer Motorisierung. Grundlage aller Charade-Motoren blieb zwar auch weiterhin der Einliter-Dreizylinder, der vorn quer eingebaut war. Aber die Daihatsu-Techniker spreizten das Angebot in Richtung mehr Leistung und noch höhere Wirtschaftlichkeit. Mit Hilfe eines Turboladers wurden aus einem Liter Hubraum statt 52 PS/38 kW nunmehr 68 PS/50 kW herausgeholt. Auch das maximale Drehmoment tat einen ganz gewaltigen Sprung von 74 auf 106 Newtonmeter. Der Charade Turbo, der mit Spoilern vorn und hinten sowie mit Seitenschwellern versehen wurde, bekam den Beinamen de Tomaso. Mit dem italienischen Industriellen hatte Daihatsu ein Gegenseitigkeitsabkommen getroffen. Die Motorenentwickler seiner Gruppe, zu der unter anderem Maserati und Innocenti gehörte, nahmen sich des Daihatsu-Aggregats an. Daihatsu durfte dafür werbewirksam seinen Namen als Zusatzbezeichnung verwenden und lieferte außerdem Motoren für den Kleinwagen Innocenti Mini. Dieses Wägelchen besaß eine schicke dreitürige Karosserie von Bertone und fuhr ursprünglich auf der technischen Grundlage des britischen Ur-Mini. Nach Deutschland kam der Innocenti-Mini nur in Einzelstücken, weil die Italiener eine begrenzte Produktionskapazität hatten und mit dem einheimischen Markt und einem Kontingent für Frankreich voll ausgelastet waren.
Ganz auf Wirtschaftlichkeit hingegen war der Charade Diesel ausgelegt. Daihatsu hatte dazu etwas unternommen, was Volkswagen in den siebziger Jahren vorgemacht hatte: So wie in Wolfsburg der Golf-Vierzylinder in einen Selbstzünder umgewandelt wurde, entwickelte auch Daihatsu kein neues Diesel-Aggregat. Statt dessen verdieselte man den Einliter-Motor, der sich damit als echter Alleskönner erwies. Bei diesem Umbau kam es zu einem weiteren Beispiel japanisch-europäischer Zusammenarbeit, denn die Ingenieure von Daihatsu bedienten sich einer Bosch-Einspritzpumpe. Allerdings fand dieser Antrieb in Deutschland keine allzu große Anhängerschar. Kleinvolumige Dieselmotoren haben nicht nur bescheidene Leistungen – bei Daihatsu 37 PS/27 kW und ein höchstes Drehmoment von nur 60 Newtonmetern. Sie sind meist auch lärmige und etwas rauhe Gesellen, die den Ansprüchen der hiesigen Kundschaft kaum genügen. Das ist auch der Grund, weshalb mancher Kleinwagen, der in Südeuropa mit seinen günstigen Preisen für Dieselkraftstoff guten Absatz fand, in Deutschland gar nicht erst angeboten wurde.
Die mäßigen Fahrleistungen – Spitze nur

Anfang der achtziger Jahre in kleiner Stückzahl nach Deutschland importiert: Innocenti-Mini mit Karosserie von Bertone und Daihatsu-Motor (rechts). Auf der nächsten Seite: Charade II mit Turbolader aus dem Jahre 1983.

CHARADE
TURBO
CHARADE

CHARADE
TURBO

126 km/h und Beschleunigung von 0 auf 100 km/h in 27,8 Sekunden – waren ein Grund, warum alsbald ein Turbodiesel nachgeschoben wurde. Mit 46 PS/34 kW kam dieser Wagen der Basismotorisierung mit Ottomotor schon recht nahe. Beim maximalen Drehmoment übertraf er den Benziner sogar mit 85 Newtonmetern bei 3750 Umdrehungen pro Minute. In der Höchstgeschwindigkeit erreichten beide Wagen 143 km/h, während der Turbodiesel in den Verbrauchswerten einsame Spitze war und sogar unter denen des Saugdiesel lag. Mit einem Drittelmix der ECE-Normwerte von 4,9 Liter auf 100 Kilometer reihte sich der Charade Turbodiesel in die Spitzengruppe der Autos ein, die durch besondere Sparsamkeit mit dem wertvollen Kraftstoff glänzten. In der Charade-Palette wurde auch ein Automatik-Modell angeboten. Die Daimatic genannte zweistufige Getriebeautomatik war mit dem Einliter-Benzinmotor kombiniert. Weil in Deutschland der Anteil der Automatik-Wagen immer noch sehr niedrig liegt und bei Kleinwagen so gut wie kein Markt vorhanden ist, blieb der Charade Daimatic ein Randmodell. In der Tat geht ja bei den herkömmlichen Stufenautomatik-Systemen durch Schlupf einiges an Leistung verloren, und auch die Übergänge zwischen den Schaltstufen sind bei schwächeren Motoren nicht sonderlich harmonisch. Ob sich durch die Einführung der stufenlosen Vollautomatik, die von Daihatsu bisher nicht übernommen wurde, an diesem Zustand etwas ändert, bleibt abzuwarten.

Nicht alle Charade-Modelle kamen nach Deutschland

An dieser Stelle sollen zwei Modellvarianten des Charade II erwähnt werden, die nie nach Deutschland kamen. Es ist dies ein Charade-Modell mit einem um vier Zentimeter erhöhten Dach, unter dem ein elektrisches Schiebedach Platz fand. In anderen europäischen Ländern wurde dieses Modell angeboten. Es fällt einem im Straßenbild durch seine geänderten Proportionen sofort auf. Eine andere Charade-Abwandlung mit dem Beinamen Saphir nahm die Entwicklung des Mittelklassewagens Applause voraus: Scheinbar mit Stufenheck ausgestattet, öffnete sich eine große Heckklappe, die bis eine Handbreit über den hinteren Stoßfänger hinabreichte. In Breite, Höhe, Radstand und Motorisierung gleich, unterschied sich der Charade Saphir nur durch die Länge von 3,79 Meter. Dieses Mehr kam vollständig dem Gepäckraum zugute. Diese zweite Modellgeneration des Charade wurde während seiner Bauzeit einer vorsichtigen Änderung der Bugpartie unterzogen. Mit etwas sanfteren Formen kündigte sich schon die dritte Ausgabe des Wagens an, der eine völlig abgrundete Karosserie bekommen sollte. Die Luftwiderstandsbeiwerte waren übrigens noch Mitte der achtziger Jahre vergleichsweise hoch: 0,39 beim kompakten Charade, 0,38 beim Saphir-Modell mit verlängerter Heckpartie.

Mochte man bei den beiden ersten Ausgaben des Charade noch stilistische Erinnerungen an europäische Kleinwagen feststellen – Charade Nummer eins an den ersten Polo, Charade Nummer zwei an den Opel Corsa –, so kann der dritte Charade als einer der gelungensten Entwürfe seiner Klasse angesehen werden, der seinerseits Nachahmer in Europa fand. Namentlich die wohlgerundete Heckpartie mit ihren auch aerodynamisch vorbildlichen eingezogenen Linien gilt als eines der schönsten Stücke Blech, die auf mitteleuropäischen Straßen herumfahren. Mit diesem Modell aus dem Jahre 1987, dem eigentlich nur ein markentypisches Gesicht fehlt, war der Charade plötzlich nicht mehr nur ein Kleinwagen unter anderen, sondern ein echter Hingucker geworden, dessen Anblick spontane Kaufwünsche weckte. Mit diesem Modell untermauerte Daihatsu nicht nur in

Elektrisches Schiebedach serienmäßig und deshalb vier Zentimeter höher, aber nicht im deutschen Daihatsu-Programm: Charade-Modell von 1983.

Deutschland und Europa seine Marktstellung, es wagte damit auch den Sprung nach Amerika. Konstruktiv gab es gegenüber dem Vormodell drei wesentliche technische Neuheiten. Da war zum einen der Charade GTti, ein aus Gründen der Sicherheit nicht ganz unbedenklicher Versuch, einen Kleinwagen mit Leistungen eines Sportwagens auf die Räder zu stellen. Die Daihatsu-Ingenieure nahmen sich dazu ein weiteres Mal ihren Dreizylinder vor und brachten die Einliter-Maschine unter Verwendung von Kraftstoffeinspritzung, Turbolader und Vierventiltechnik auf 101 PS/74 kW. Abgesehen davon, daß die Motorenbauer hier einmal ihre ganze Kunst zeigen durften, verdankt dieses Modell seine Existenz wohl

in erster Linie einem innerjapanischen Leistungswettlauf. Trotz strenger Geschwindigkeitsbegrenzung herrscht dort selbst in der Klein- und Kleinstwagenklasse offenbar ein Drang nach Motorleistung, wie er in Deutschland weniger üblich ist. Hier stehen bei den meisten Kunden und Kundinnen in dieser Klasse Wirtschaftlichkeit, Wendigkeit und eine gewisse Geräumigkeit im Vordergrund. Im gleichen Jahr, als der Charade in seiner dritten Ausführung das Licht der Straße erblickte, stellte Daihatsu auf der Frankfurter Automobilausstellung einen Prototyp vor, dem man ansah, daß er ein Einzelstück bleiben würde. Das Mittelmotorcoupé TA-X80 des Jahres 1987 verfügte über so viel zukunftsträchtige

Nie in Serie gegangen: Charade de Tomaso 926 R und ein zweisitziger Spider mit Turbo-Motor (rechts).

Technik, daß man von ihm am besten von einem Technologieträger spricht.
Die Daihatsu-Ingenieure hatten in ihn all ihr Können hineingepackt – ohne Rücksicht auf einen Markt, der solch ein Produkt annehmen sollte. Der Luftwiderstand von 0,25 wird bis heute von keinem Serienwagen erreicht. Die Höhe von 1,10 Meter berechtigt dazu, ihn mit dem Beinamen »flache Flunder« zu versehen. Dank Leichtmetallkarosse kam der 3,90 Meter lange Zweisitzer nur auf ein Leergewicht von 880 Kilogramm. Der TA-X80 besaß Allradantrieb, Antiblockiersystem (ABS) und ein elektronisch-hydropneumatisch kontrolliertes Fahrwerk. Neu waren auch die besonders kompakten Scheinwerfer, die den Designern völlig andere Möglichkeiten zur Gestaltung der Bugpartie eröffneten.
Im Innern war ein Navigationssystem eingebaut, das denen von Schiffen gleichkam, wobei im Verkehr die Umsetzung auf das Straßennetz notwendig ist. Solche Standortbestimmung soll in den nächsten Jahren vor allem den Einsatz von Lastkraftwagen in Europa besser steuern helfen.
Von besonderer Art war das Antriebsaggregat: Die Daihatsu-Motorkonstrukteure hatten sich an einem V 6 mit nur einem Liter Hubraum versucht. Mit Hilfe von Vierventil-Technik und zwei Turboladern war diese Maschine auf eine Leistung von 130 PS gebracht worden – allerdings bei einer Drehzahl von 9000 pro Minute. Die Höchstgeschwindigkeit wurde mit 250 km/h angegeben. An diesen Werten wird ablesbar, daß dieser Prototyp nicht für den normalen Straßenverkehr gedacht war. Namentlich die Auslegung des Motors deutet eher auf die Rennstrecke hin, wo aber solche kleinen Klassen keinerlei Bedeutung haben.
Es ist jedoch erkennbar, daß Daihatsu schon zu einem frühen Zeitpunkt mit einem kleinvolumigen Sechszylindermotor experimentierte. Weil in letzter Zeit andere mit einem solchen Motor unter zwei Liter Hubraum herauskamen, ist denkbar, daß auch Daihatsu eines Tages in dieser Weise aktiv wird. Ein Mini-Sechszylinder mit einem Hubraum von nur einem Liter oder etwas darüber würde weltweit Schlagzeilen machen.
An sechs Zylinder wagte sich Daihatsu bei dem Charade III nicht, aber immerhin an mehr als drei. Denn eine weitere Neue-

rung war der erstmalige Einbau eines Vierzylinders. Diese 1,3-Liter-Maschine mit exakt 90 PS/66 kW ist die harmonischere Maschine für Charade-Kunden, die auch gelegentlich eilig über Land fahren wollen – gegenüber dem GTti, dessen Pferdestärken so heftig an den Vorderrädern zerren, daß nur mit gefühlvollem Anfahren pfeifende Reifen und damit Verlust der Seitenführung verhindert werden kann. Dieser Charade 1,3i war das erste Modell der Baureihe, das mit geregeltem Katalysator nach Deutschland kam. Die Motorleistung ermöglichte auch die problemlose Kombination mit einer Dreistufen-Automatik.

Die dritte neue technische Einzelheit war das Angebot eines permanenten Allradantriebs. In Japan haben bekanntlich rund fünfzehn Prozent aller Personenwagen Allradantrieb – gegenüber rund zwei Prozent in Deutschland, wozu noch einmal zwei Prozent Geländewagen kommen. Der Allradantrieb ist – ebenso wie Turbolader, Vier- und inzwischen sogar Fünfventil-Technik – bis hinunter in die Mini-Klasse verbreitet. In Deutschland hat der Allradantrieb für die Straße vor allem im gebirgigen Süden des Landes im Winter seinen Sinn. Dazu verbessert er insgesamt die Bodenhaftung, was sich besonders auf rutschiger und nasser Straße auch bei Temperaturen über Null Grad Celsius auszahlt. Da aber – wie schon gesagt – die Käufer in den kleinen Klassen bei Unterhalt und Anschaffung rechnen müssen, entschließen sie sich nicht gerade in hellen Haufen für den

Zwei Austellungsstücke: der Urban-Buggy mit Hybridantrieb und das Mittelmotor-Coupé TA-X 80 (unten). Zwei Charade-Modelle auf der Hochgeschwindigkeitsbahn in Shiga (rechts). Vom Drei- zum Vierzylinger: Charade 1,3 i (nächste Seite).

CX 1.3i
DAIHATSU
CHARADE
CHARADE

Allradantrieb, selbst wenn der Aufpreis beim Charade 4 WD vergleichsweise günstig bei nur rund zweieinhalbtausend D-Mark liegt. Weniger schwerwiegend werden die fünfzig Kilogramm Mehrgewicht, der Mehrverbrauch von rund einem halben Liter auf einhundert Kilometer sowie der durch den zusätzlichen Hinterradantrieb leicht eingeschränkte Gepäckraum beurteilt.

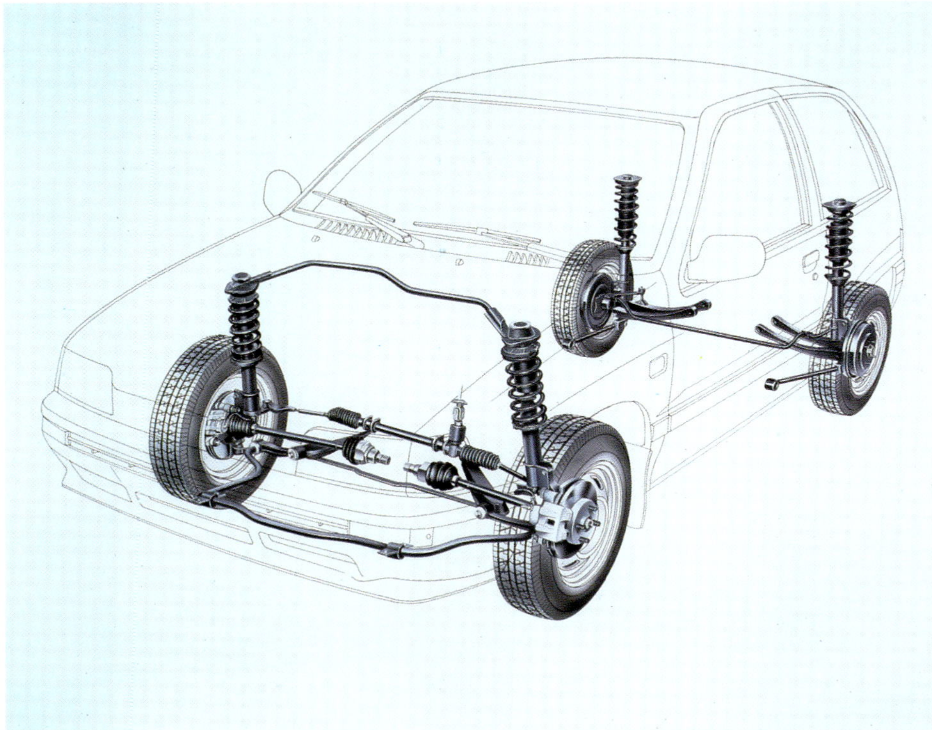

Eine farbige Angelegenheit

Im Kapitel über die japanischen Aktivitäten von Daihatsu ist schon eine Abwandlung des Charade der dritten Generation genannt und ausführlich beschrieben, die zwar nach Europa, nicht aber

nach Deutschland kam: eine genau vier Meter lange viertürige Stufenheckversion mit dem Beinamen Sedan oder Social. Anfang 1991 gab es für den Charade in Deutschland einen kleinen Zeitsprung nach vorn: Endlich wurde auch in das meistverkaufte Modell mit dem Einliter-Ottomotor und bis dato 52 PS/38 kW ein geregelter Dreiwegekatalysator nach der US-Norm '83 eingepflanzt. Die Leistung erhöhte sich um zwei PS auf nunmehr 54 PS/40 kW. Die äußeren Änderungen an der Bugpartie und am Heck sind so geringfügig, daß sie nur für den Markenkenner zu bemerken sind. Auffällig hingegen eine neue Farbe im Programm: Türkis-Metallic – modisch und auffällig. Mit einer solchen Sonderfarbe hatte Daihatsu schon einmal für Aufsehen gesorgt. Trotz großer Skepsis der Händler war der Cuore 44 Mitte der achtziger Jahre in der Farbe Perlrosé im Angebot, einer Art Metallic-Rosa. Was die Niederlande betraf, so war die Zurückhaltung der Händler berechtigt: »Dort wurden ganze fünfundzwanzig Stück in dieser Farbe verkauft«, sagte der damalige deutsche Vertriebschef und spätere Geschäftsführer Karl-Herbert Obermann, der selbst nach Japan flog, um die Daihatsu-Planer davon abzubringen, die Farbe wieder aus dem Europa-Programm zu streichen. Die Farbe Perlrosé, auf die vor allem die weibliche Kundschaft voll abfuhr, erreichte in Deutschland zeitweise mehr als fünfzig Prozent Marktanteil innerhalb der Cuore-Neuzulassungen. Prompt sackten die Verkäufe um rund hundert pro Monat ab, als der rosa Nachschub aus Japan fehlte. Obermann konnte mit seiner Reise nach Osaka immerhin bewirken, daß die Lakkierer noch einmal einen großen Kübel Perlrosé anrührten und auf eine Sonderserie von fünfhundert Cuore eigens für Deutschland sprühten, beziehungsweise die Karossen in die so gefüllten Wannen tauchten. Die Autos waren schon verkauft, als der Dampfer mit den Autos noch nicht in Japan abgelegt hatte.

Grundsätzlich kann gesagt werden, daß der deutsche Daihatsu-Importeur zu keiner Zeit Mühe hatte, sein kleinstes Modell, das Auto mit dem italienischen Namen Cuore (»Herz«) an den Mann beziehungsweise an die Frau zu bringen. Als der Cuore Ende 1980 auf den deutschen Markt kam, konnte er als der modernste Mini gelten. Er traf nur auf den schon damals in die Jahre gekommenen Fiat 126 mit luftgekühltem Heckmotor und die noch ältere rollende Legende, den britischen Ur-Mini. Vom Preis und der Motorisierung her gesehen, konnten noch die Ente von Citroën, ebenfalls ein Oldtimer, und die Lada-Modelle als Konkurrenz gelten, deren Technik auf die sechziger Jahre zurückging. Dieser erste Daihatsu Cuore in Deutschland besaß einen Zweizylinder-Viertaktmotor, der entsprechend den japanischen Miniklassen-Vorschriften nur 550 Kubikzentimeter Hubraum hatte. Immerhin leistete diese kleine Maschine 28 PS/20 kW bei 6000 Umdrehungen pro Minute und begnügte sich mit Normalbenzin. Die größte Neuigkeit aber: Die sauber gezeichnete, nur 3,20 Meter kurze Karosserie war nicht nur zweitürig mit großer Heckklappe, son-

Im Röntgenbild wird die Einzelradaufhängung des Charade III sichtbar (oben links). Besonders ansehnlich ist die Form des Dreitürers (im Bild rechts ein GTti). Die beiden Sparzwerge, der zweitürige und der viertürige Cuore, bereicherten die deutsche Mini-Klasse seit 1980 (rechts).

dern auch als Viertürer zu haben. Die Daihatsu-Ingenieure straften damit alle diejenigen Konkurrenten Lügen, die immer behauptet hatten, ein viertüriger Kleinwagen sei ein Problem der Stabilität des Aufbaus. Im Jahre 1983 wurden Hubraum und Leistung des Motors angehoben. Der Cuore erhielt die Zusatzbezeichnung L 60 und einen Motor, der auf 612 Kubikzentimeter vergrößert war und 30 PS/22 kW bei 5700 Umdrehungen pro Minute abgab. Der Sparzwerg von Daihatsu hatte inzwischen auch in Deutschland fernöstliche Konkurrenz bekommen: Suzuki brachte den Alto, rüstete ihn aber für Europa von Anfang an nicht mit einem japanischen Mini-Motor, sondern mit einer 800-Kubikzentimeter-Maschine mit drei Zylindern von 40 PS/29 kW aus. Damit war vorhersehbar, daß die nächste Modellausgabe des Daihatsu Cuore einen hubraumstärkeren Motor bekommen würde.

Auf der Internationalen Automobilausstellung im September 1985 war es dann soweit: Der Cuore 44 wurde vorgestellt, keinen Zentimeter länger als das Vormodell, weil die japanischen Normen diese Länge immer noch vorschrieben, aber mit zehn Zentimeter mehr Radstand (2,25 Meter gegenüber vorher 2,15 Meter) und vier Zentimeter mehr Höhe. Das ergab außen wie innen ein weitaus vollwertigeres Auto. Raum durch Höhe – das hatte in Europa schon der italienische Designer Giorgio Giugiaro mit den Fiat-Modellen Panda und Uno demonstriert. Auch die 12-Zoll-Räder anstelle der vorherigen

Frauenliebling Daihatsu Cuore: oben das viertürige Modell L 60, links der Typ 44 in der aufsehenerregenden Farbe Perlrosé.

Rädchen mit nur zehn Zoll betonten den Anspruch, richtig im Verkehr mithalten zu können. Solches ermöglichte vor allem der Motor, der 44 PS leistete, woraus die vorwiegend intern gebrauchte Zusatznumerierung Cuore 44 entstand. Daihatsu setzte jetzt auch hier auf drei Zylinder mit nunmehr 840 Kubikzentimeter Hubraum. Das machte den neuen Cuore überlandtauglich, denn statt wie zuvor nur bescheidene 110 km/h Höchstgeschwindigkeit erreichte der Wagen nunmehr 135 km/h – etwa soviel wie die moderne Konkurrenz in diesem Marktsegment.

Drei Liter auf hundert Kilometer?

Flott, geräumig, ansehnlich und sparsam – mit diesen Eigenschaften trat der Cuore 44 in Deutschland an und auf. Mustergültig war der Verbrauch von nur 4,0 Litern bleifreiem Normalkraftstoff bei konstantem Tempo 90. Den verdankte der Cuore unter anderem seinem Leergewicht von nur sechshundert Kilogramm. Die schon in der Serienausführung sehr günstigen Daten gaben den Ausschlag dafür, daß das Zentralschweizerische Technikum Luzern (ZTL) den Daihatsu Cuore als Basisfahrzeug auswählte, als es das Projekt »Leichtauto« begann. Dabei ging es nicht etwa darum, das Gewicht des Cuore noch weiter abzusenken, sondern um eine Verbrauchsminderung. Als Kraftstoff wurde Methan ausgewählt, das weniger Kohlendioxid enthält und eine höheren Oktanzahl als Benzin hat. Methangas kann also höher verdichtet werden, wodurch ein Verbrauchsvorteil entsteht. Weiterhin soll das Gemisch mit überschüssiger Luft abgemagert werden. Dieses sogenannte Magerkonzept war schon vor der breiten Einführung des geregelten Katalysators in Europa im Gespräch. Es erwies sich aber als schwierig, bei niederen Drehzahlen einen runden Motorlauf zu erzielen. Methangas mit seiner von Natur aus sauberen Verbrennung ermöglicht die Erfüllung strenger Abgasnormen mit einem ungeregelten Oxidationskatalysator. Obwohl das Projekt erst Ende 1992 seinen Abschluß findet, kann aufgrund von Vorausberechnungen erwartet werden, daß der Gasverbrauch des abgewandelten Cuore einem Benzinverbrauch von nur noch zwei bis drei Litern auf hundert Ki-

lometer entspricht. Weil die Energiedichte des Gases etwas geringer ist, wird man bei gleicher Größe des Tanks eine kleinere Reichweite mit einer Füllung gegenüber dem benzingetriebenen Fahrzeug in Kauf nehmen oder aber den Vorratsbehälter vergrößern müssen. Es ist geplant, daß der umgerüstete Cuore als Dienstfahrzeug des Luzerner Kantonalen Amtes für Umweltschutz seine Alltagstauglichkeit unter Beweis stellt. Die Kosten des Projekts einschließlich aller technischen Prüfungen sind mit weniger als einer halben Million Deutscher Mark einigermaßen überschaubar.
Dieser Wagen wird allerdings schon äußerlich überholt sein, wenn er auf den Luzerner Straßen umherfährt. Denn im Jah-

Spaß muß sein: ein Cuore (der in den Niederlanden Domino heißt) auf großem Fuße und der Prototyp eines Cabriolets mit Turbomotor.

re 1990 wurden die Normen der japanischen Miniklasse erneut geändert. Der Hubraum ist jetzt auf 660 Kubikzentimeter begrenzt, und die Außenlänge beträgt neuerdings zehn Zentimeter mehr, also 3,30 Meter. Somit kam im Herbst ein leicht abgewandeltes Cuore-Modell nach Europa. Den geregelten Kat hatte die deutsche Daihatsu-Organisation schon dem Vormodell spendiert, wodurch seine nominelle Leistung auf 40 PS/29 kW sank, das Auto aber auch eine Versicherungsklasse tiefer rutschte. Aber die größere Außenlänge führte nicht nur zu mehr Innenraum, sondern vor allem zu mehr Gepäckraum, der sich um rund ein Viertel auf nunmehr 128 Liter vergrößerte. In den Türen wurden zur Erhöhung der Si-

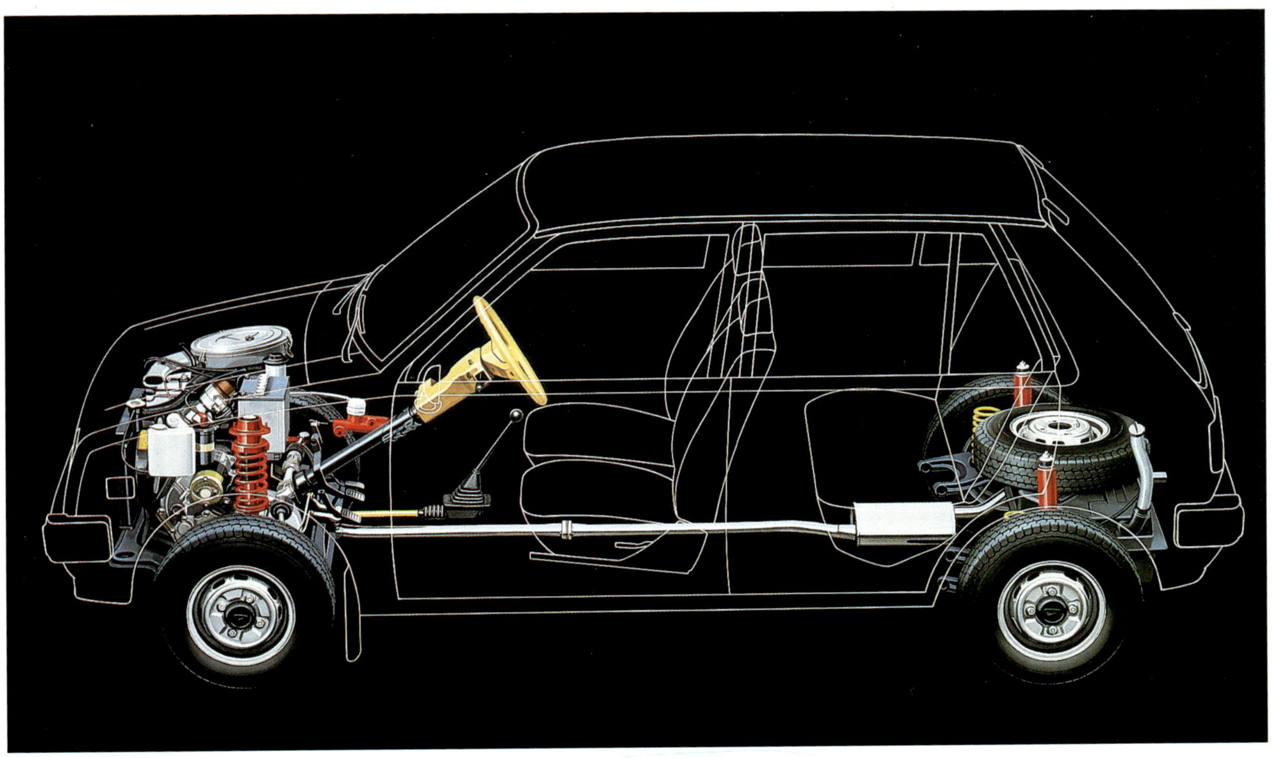

Ein echtes Raumwunder! Oben ein dreitüriger Cuore aus dem Jahre 1987, darunter ein Röntgenbild des Viertürers von 1983. Nächste Seite: das Modell '90/91.

LA DONNA
büro+
SONDER-
büro+objekt

MODEN
LD
LD
LA DONNA MODEN

Durch Änderung der japanischen Mini-Normen wurde der Cuore 3,30 m lang und die Bugpartie modisch gerundet. In den Türen sind Verstärkungen gegen Seitenaufprall eingebaut. Große Teile der Karosserie sind verzinkt (rechts). Projekt FX-228 heißt ein zweisitziger Spider auf Cuore-Basis (unten rechts).

cherheit bei Unfällen mit seitlichem Aufprall Rammschutzverstärkungen eingebaut. Daran ist bisher in weit höheren Klassen nur in Ausnahmefällen gedacht worden. Die neue Bugpartie ist runder geworden und erinnert sicher nicht zufällig an das hübsche Coupé Leeza, das leider bisher nicht nach Deutschland gekommen ist. Mit einer von 370 auf 400 Kilogramm erhöhten Zuladung wäre der Cuore jetzt auch als Fünfsitzer tauglich, zumal die hinteren Radkästen schmaler wurden und den Hinterbänklern mehr Sitzbreite zur Verfügung steht. Weil der fünfte Gurt und die TÜV-Zulassung fehlen, läuft der Cuore bis dato offiziell als Viersitzer. Die Heckpassagiere können dank des steilen Hecks allesamt erhobenen Hauptes sitzen.

In Japan gibt es auf der Grundlage des kleinen Cuore einerseits das Coupé Leeza, andererseits auch einen Mini-Kastenwagen namens Mira Walkthrough Van. An die Motorhaube des Cuore ist ein hoher Aufbau mit zwei seitlichen Falttüren angesetzt, wobei der Fahrer, wie der Name schon sagt, problemlos nach hinten durchgehen kann. Eine Ergänzung des Mini-Programms in Deutschland wird

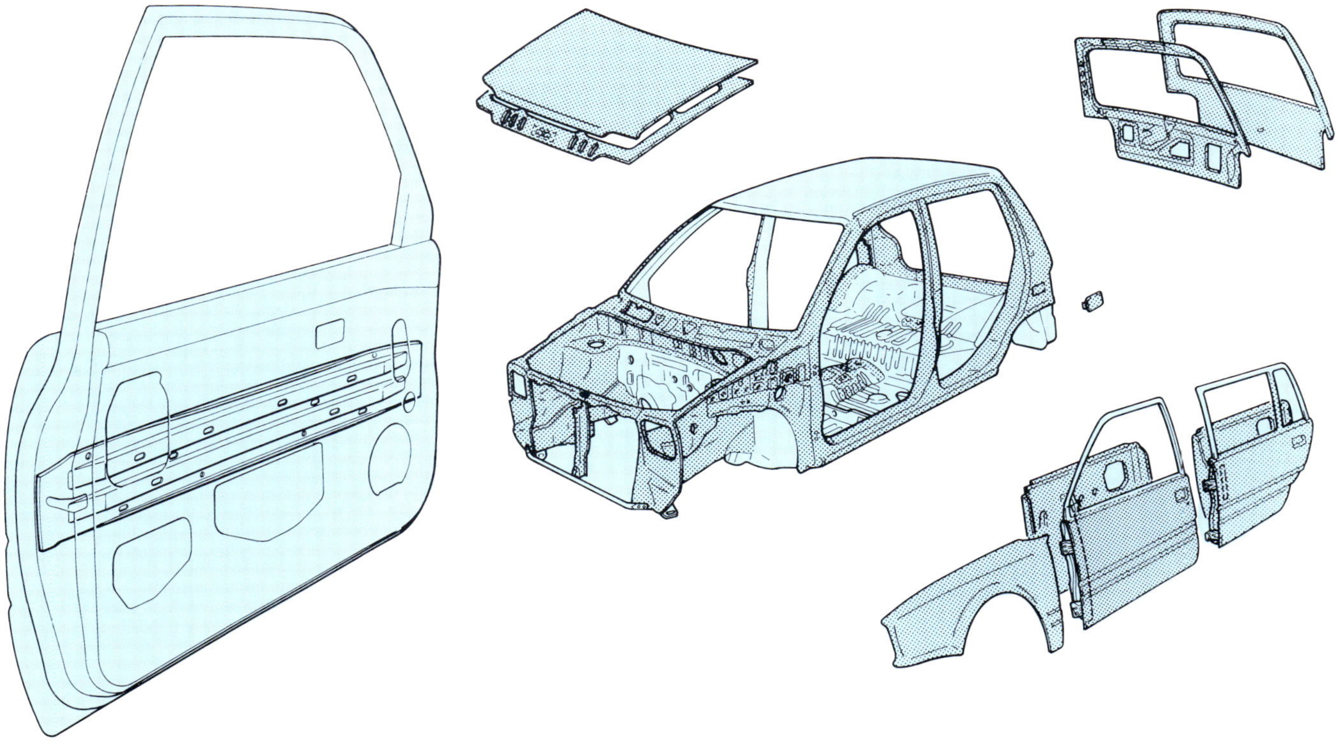

aber in eine ganz andere Richtung laufen. Schon auf der Internationalen Automobilausstellung im Herbst 1987 wurde dann der Prototyp eines kleinen Cabriolets gezeigt, den die amerikanische Spezialfirma American Sunroof Company (asc) gebaut hatte. Im Frühjahr 1991 stand ein zweisitziger Mini-Roadster auf dem Automobilsalon in Genf, von dem Eingeweihte wissen wollten, daß er gute Chancen habe, eines nicht allzu fernen Tages in Serie zu gehen. Der knuffige offene Kleinwagen, hinter dessen seitlichen Wülsten sich der Flankenschutz in den Türen verbirgt, ist ganze 3,33 Meter lang. Über die Motorisierung dieses Projekts FX-228 für die Ausfuhr nach Europa ist noch nicht entschieden.

Auf der Tokyo Motor Show im Herbst 1991 wurde wieder einmal bewiesen, daß das Thema Mini schier unerschöpflich ist. Daihatsu unterstrich einmal mehr seinen Anspruch, in dieser Klasse führend zu sein, und stellte zwei seriennahe Prototypen aus. Der Mira Milano auf der technischen Grundlage des Cuore war eine weitere Variation aus Fernost zum Thema Döschwoh. Seit Citroën seine legendäre Ente nicht mehr baut, sind deren Fans rat- und heimatlos. Nissan hatte vor einigen Jahren einen Kleintransporter namens S-Cargo entworfen, der den Linien des Regenschirms auf Rädern folgte. Das Auto wurde aber ausschließlich in Japan verkauft. Der Milano, der vielleicht besser Paris genannt worden wäre, zeigt eine sich hoch hinaus wölbende Kuppel über vier Sitzen, während die

Daihatsu-Designideen, die auch auf hiesigen Straßen Hingucker wären: der zweisitzige Spider FX-228 (unten), der runde Stadtfloh X-409, der unter dem Namen Opti im Frühling 1992 für den japanischen Markt in Serie ging (rechts), und eine Erinnerung an eine französische Legende namens Mira Milano (rechts unten).

Motorhaube vom Cuore übernommen wurde. Jedenfalls muß sich beim Einsteigen in diesen Wagen niemand bücken, und erstaunte Blicke auf der Straße sind dem Milano gewiß, falls er in Serie geht. Die zweite Neuheit unter der Prototypen-Nummer X-409 schien in ihrer abgerundeten Form Vorbild für die nächste Ausgabe des Coupés Leeza zu sein. Tatsächlich erschien der kleine Rundling unter dem Namen Opti im Frühjahr 1992 als zusätzliches Modell auf dem japanischen Mini-Markt.

Auf dem Weg zur Mittelklasse

Daihatsu gilt in Japan als Spezialist in den kleinen Klassen. Im japanischen Vertriebssystem gibt es damit auch gar keine Probleme. Mit dem Beginn der Exportbemühungen nach Europa wurde das anders. Hier läßt sich kein dauerhaftes Händlernetz aufbauen, wenn sich das Angebot auf Klein- und Kleinstwagen beschränkt. Europäische, zumal deutsche Händler sind bestrebt, ihren Kunden ein möglichst umfassendes Angebot machen zu können – vom Familienwagen bis zum kleinen Zweitwagen, und dazu möglichst noch ein paar Spezialitäten wie Geländewagen und Kleinbusse. An Geländewagen fehlt es den Daihatsu-Händlern nicht. Seit 1988, als der Vertrieb von Personenwagen und leichten Nutzfahrzeugen nach Deutschland zusammengelegt wurde, konnten der Rocky und kurz darauf der Feroza aus einer Hand bezogen werden. Im Kapitel über die Daihatsu-Geländewagen sind diese Fahrzeuge ausführlich beschrieben. Was anfänglich fehlte, war ein Wagen, der für die Familie mit Reisegepäck taugte.

Als Daihatsu mit dem Pkw-Export nach Deutschland begann, lief von den Bändern der Marke ein Mittelklassewagen, der, bis auf das Markenzeichen, einem Toyota glich. Dieses Auto nach Europa zu bringen, konnte weder im Sinne von Toyota noch von Daihatsu sein. Dazu kam noch ein Kombi in noch stärkerem Colaflaschen-Design, der in Ermangelung eines schöneren in einige europäische Länder eingeführt wurde, nicht aber nach Deutschland. Hier wartete die Importfirma Hagen & Co. in aller Seelenruhe auf das Erscheinen des neuen Charmant im Jahre 1981: Jedes Jahr ein neues Modell – was wollte man mehr? Der Aufmerksamkeitswert in der Presse war da, Händler und Kunden wurden nicht überfordert, so wie das manche andere japanische Marke mit einer nicht endenwollenden Flut von Neuheiten taten. Daihatsu profilierte sich als die Marke mit den großen C, dem Mini Cuore, dem kompakten Charade und dem Mittelklasse-Charmant. Auf der Internationalen Automobilaus-

stellung im September 1981 feierte der Charmant seine Weltpremiere. Es war vielleicht die unauffälligste Neuheit, die jemals auf dem Frankfurter Messegelände vorgestellt wurde. Denn die Daihatsu-Zentrale in Japan beging einen Fehler, der wahrscheinlich auf ihre Unerfahrenheit in den internationalen Gepflogenheiten zurückzuführen war: Sie vergatterte den damaligen Pressechef Klaus W. Lück, kein Sterbenswörtchen über das neue Modell vor der Messeeröffnung zu verraten, geschweige denn ein Bild herauszugeben. Durch dieses Verhalten fehlte der neue Charmant in jeder Modellübersicht, die vorab in der deutschen Presse veröffentlicht wurde. Diese Neuheitsankündigungen in den Wochen zuvor aber sichern den neuen Modellen erst die gebührende Aufmerksamkeit im breiten Publikum, das zu den Ständen strömt. Zum Daihatsu-Stand strömte kaum jemand, und selbst manchem Journalisten blieb die Weltneuheit verborgen, weil er sich schon vor den beiden Pressetagen seinen Rundgang zu den Firmen zusammengestellt hatte, bei denen mit Neuigkeiten zu rechnen war. Dieses Schicksal der Unauffälligkeit sollte den Daihatsu Charmant während seiner gesamten Bauzeit begleiten. Er wurde eher ein Longseller als ein Bestseller. Äußerlich zeigte er sich als glattflächige klassische Stufenhecklimousine in einer Länge von 4,15 Metern, was ihm eine besondere Tauglichkeit für enge Innenstädte mit Parknöten verlieh. Zwei Motoren standen zur Wahl: eine 1,3-Liter-Maschine mit 65 PS/48 kW und ein 1,6-Liter-Aggregat mit 75 PS/55 kW, beide als brave Dauerläufer ausgelegt und mit Normalkraftstoff zufrieden. Die Reihen-Vierzylinder waren längs eingebaut, der Antrieb erfolgte auf die Hinterräder. Während vorn eine zeitgemäße Einzelradaufhängung mit Querlenkern und Federbeinen zu finden war, hatten sich die Daihatsu-Ingenieure hinten für die stabile Starrachse an Blattfedern entschieden. Die Blattfedern wurden allerdings schon zwei Jahre später durch Schraubenfedern ersetzt. Der Charmant war ein Auto, das für Leute bestimmt war, die in ihm nichts anderes als ein zuverlässiges Fortbewegungsmittel sahen. Der Nutzwert stand im Vordergrund. Es gab den Charmant ausschließlich viertürig und mit einer für die damalige Zeit keineswegs selbstverständlichen praktischen Einrichtung: Der Gepäckraum ließ sich durch die getrennt klappbare Rückbank stufenweise in den Innenraum hinein vergrößern, was bis dahin nur bei Kombis und Schräghecklimousinen üblich war. Die Ausstattung war so, wie sie Anfang der achtziger Jahre als typisch japanisch empfunden wurde: vollständig und mit vielen nützlichen Kleinigkeiten, die es anderswo gegen Aufpreis oder gar nicht gab. Da waren zum Beispiel H4-Hauptscheinwerfer, Rückfahrscheinwerfer, seitliche Rammschutzleisten, Schmutzfänger vorne und hinten, abschließbarer Tankverschluß, getönte Scheiben rundum, Sitze und Teppichboden aus Velourstoff, Digitaluhr, Tageskilometerzähler, vierstufiges Heizgebläse und Fondheizung. Vorbildlich im Verbrauch war namentlich der Charmant 1300, der zum Beispiel bei konstant 90 km/h nur einen Normwert von 5,8 Liter auf hundert Kilometer aufwies und im ECE-Drittelmix auf 7,2 Liter kam. Der Daihatsu Charmant enwickelte sich in den achtziger Jahren zu einem preiswert-unauffälligen und zuverlässigen Geheimtip. Gegen Ende seiner Laufbahn – er wurde in Deutschland bis 1988 verkauft – bekam er noch eine Leistungsspritze und einen Katalysator. Der Motor des Charmant mit dem Beinamen Altair Kat leistete zuletzt 82 PS/60 kW, brauchte bleifreies Super und war über 160 km/h schnell. Eines übersprang er nie, nämlich die 20 000-DM-Preisgrenze. Beim Auslaufen der Modellreihe kostete er genau 18 990 D-Mark.

Die Daihatsu-Händler spürten die Lücke im Modellprogramm schmerzlich, bis im

Mehr sein als scheinen war von Anfang an der Grundsatz der Stufenhecklimousine Charmant.

CHARMANT
DAIHATSU
CHARMANT

Herbst 1989 der Daihatsu Applause nach Deutschland kam. Bei der Markteinführung des Applause hatte Daihatsu gelernt. Im Frühjahr stand auf dem Genfer Salon ein Prototyp mit der Bezeichnung MS-X90, und es war ein offenes Geheimnis, daß er dem neuen Daihatsu-Mittelklassewagen gleiche. Daihatsu-Präsident Jiro Osuga führte den Wagen mit japanischer Zurückhaltung so ein: »Wir sind nicht hierher nach Genf gekommen, um mit atemberaubender Automobiltechnik zu glänzen. Vielmehr möchten wir Ihnen ein Fahrzeug vorstellen, von dem wir glauben, daß es Ihnen Freude machen wird und Ihnen ein treuer Gefährte werden könnte. Die Welt entwickelt sich immer hektischer, und auch der Automobil-

Der Fortschritt wird augenfällig: Ecken und Kanten des Charmant sind beim Applause abgeschliffen, der vor seinem offiziellen Erscheinen als MS-X90 im Frühjahr 1989 ausgestellt wurde.

bau bringt laufend neue Technik und neueste Raffinesse hervor. Gerade zu Anlässen wie dieser Automobilausstellung erwartet man, daß ein Automobilhersteller die Früchte seiner neuesten technischen Forschungs- und Entwicklungsarbeit zur Schau stellt. Diese Erwartungen wird der MS-X90 nur bedingt erfüllen. Wir möchten eine neue Sichtweise des Automobils mit Ihnen teilen: Wir möchten Ihnen zeigen, was für ein sanftes und gefälliges Werkzeug ein Automobil sein kann, ein Partner, wenn Sie so wollen, oder ein Freund. Vielleicht werden Sie sagen, daß Großzügigkeit das Flair dieses Fahrzeugs bestimmt. Das kommt daher, daß Daihatsu seine Entwicklungsziele umorientiert hat. Wir wollten ein Automobil entwickeln, das Fahrer und Insassen großzügig verwöhnt. Nachdem unser Konzept Gestalt angenommen hatte, mußten wir nun auch eine äußere Form finden, die es am besten zum Ausdruck bringt. Wir haben uns für eine Stufenheck-Limousine entschieden, nicht, weil diese Form risikolos, sondern weil sie zeitlos ist. Durch Verfeinerungen dieser Grundform behauptet sich das gewohnte klassische Styling nochmals in einem Automobil, das durch die großzügigen Möglichkeiten eines Fünftürers besticht: Styling also nicht als Selbstgefälligkeit und Blickfang, sondern zugunsten von Freizügigkeit und Entspannung – sowohl optisch als auch physisch. Das Styling sagt viel. Es hat Präsenz, wenn Sie Ihren Wagen geparkt haben, und es beweist Stabilität, wenn Sie ihn fahren: eine authentische Limousine in der klassischen Stufenheckform und ein Automobilkonzept mit viel Sinn fürs Detail.«

Die neue Form der sanften Linien

Auf den ersten Blick fielen beim MS-X90 die sanften Linien auf, die vom Charade folgerichtig auf eine Mittelklasse-Limousine übertragen worden waren. Konsequent, wie vor Daihatsu niemand anders, hatten die Entwicklungsingenieure ein Stufenheckmodell mit großer Heckklappe gebaut, das bei klassischer Form leichte Beladемöglichkeit und anpassungsfähigen Innenraum bot: Das Konzept des Charmant mit klappbarer Rückbank war zu Ende gedacht worden.

Natürlich hatte der Daihatsu-Präsident in Genf kräftig untertrieben, als er von den Früchten der neuesten technischen Entwicklungsarbeit sprach. Selbstverständlich war der Motor des Daihatsu Applause auf dem neuesten Stand. Es handelt sich um einen 1,6-Liter-Vierzylinder aus Leichtmetall mit Vierventil-Technik und einer über Zahnriemen angetriebenen obenliegenden Nockenwelle. Im Vergleich zum gleichgroßen Motor im Charmant wiegt der Applause-Motor fünfzehn Kilogramm weniger, insgesamt ist er nur 94 Kilogramm schwer. Das Triebwerk entwickelt 105 PS/77 kW bei 6000 Umdrehungen pro Minute und erreicht sein höchstes Drehmoment von 134 Newtonmetern bei 4800 U/min. Man sagt Vierventilern nach, daß sie kräftig hochgedreht werden müssen, um ordentlich Durchzugskraft zu erreichen. Der Applause verhält sich ganz anders: Schon bei 2000 U/min steht ein Drehmoment von 120 Nm an, was in der Praxis bedeutet, daß der Wagen schon bei 40 km/h im fünften Gang ruckfrei beschleunigt. Obwohl es sich beim Daihatsu Applause um einen regelrechten Eintonner handelt – das Leergewicht pendelt je nach Ausstattung um die tausend Kilogramm –, geht er mit Kraftstoff deutlich sparsamer um als sein Vorgänger. Bei konstantem Tempo 90 wurden im ECE-Test nur 5,3 Liter bleifreies Normal gemessen, im Drittelmix sind es genau sieben Liter. Ein Geheimnis dieser günstigen Werte ist die gleichmäßige Verbrennung, unterstützt durch eine starke Verwirbelung des Gemischs im

Stufenheck mit großer Klappe – das hat bisher Daihatsu mit größter Konsequenz verwirklicht.

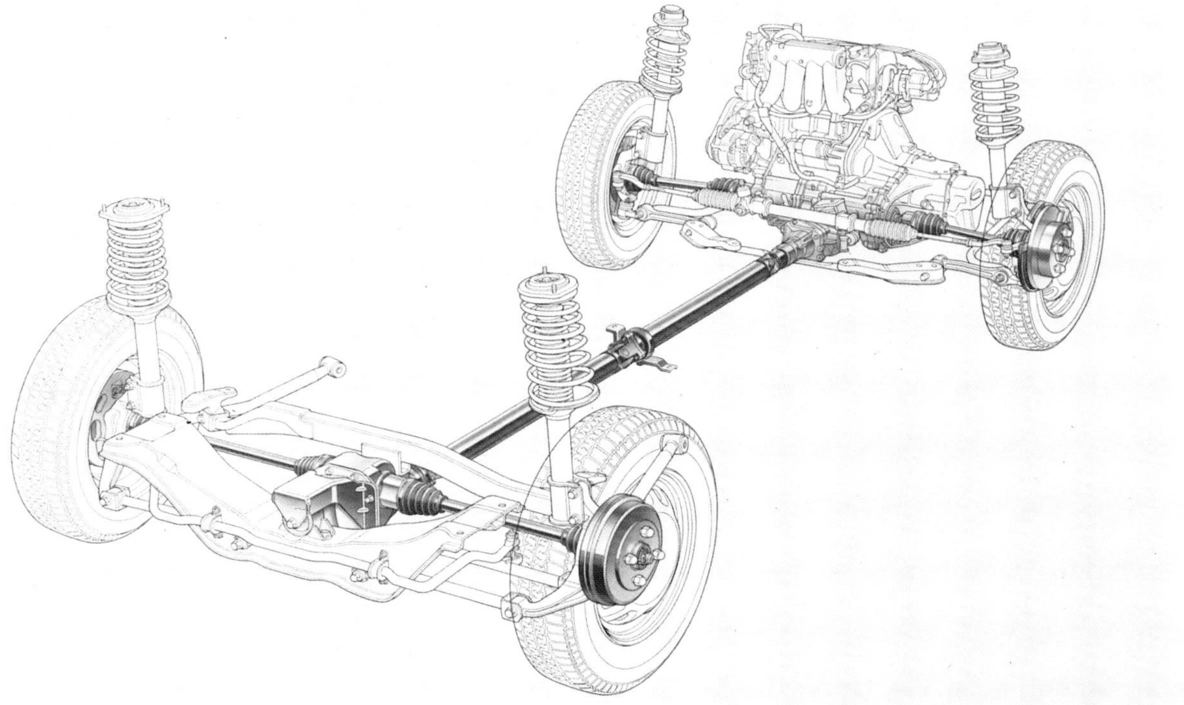

Beim Allrad-Pkw sind die wesentlichen Dinge unterm Blech zu erkennen.

Brennraum, dessen Form sorgfältig mit Quetschkanten und zentral angeordneter Zündkerze gestaltet wurde.
Beinahe selbstverständlich, daß der Applause Frontantrieb besitzt. Auch das Fahrwerk mit Einzelradaufhängung vorn und hinten ist zeitgemäß. Die Vorderräder sind an McPherson-Federbeinen und unteren Querlenkern aufgehängt. Die Hinterräder werden von zwei parallel angeordneten unteren Querlenkern, einer Feder-Dämpfereinheit und einer Zugstrebe geführt. Querstabilisatoren vorn und hinten vermindern die Seitenneigung in den Kurven. Gebremst wird mit Hilfe von vier Scheiben, von denen die vorderen innenbelüftet sind. Mit 4,26 Metern Außenlänge hat der Applause das Maß der unteren Mittelklasse. Fünf Personen finden gut Platz, der glattflächige Gepäckraum, der sich über eine nur 63 Zentimeter niedrige Ladekante leicht beladen läßt, faßt im Normalfall 336 Liter, die sich stufenweise vergrößern lassen. Bei nur zwei Mitfahrern steht eine Gepäckraumlänge von 1,58 Meter zur Verfügung. Beim Reisekomfort wurde auch an die Hinterbänkler gedacht: Die geteilt klappbaren Rücksitzlehnen lassen sich in dreizehn Stufen nach hinten neigen, so daß jeder eine bequeme Stellung finden kann. Bei den Preisen galt es, die frühere Charmant-Kundschaft zum Applause hinüberzuziehen. So begann denn das Einführungsangebot für den neuen Mittelklasse-Daihatsu knapp unter 20000 DM. Nicht jeder der sehr wirtschaftlich denkenden Daihatsu-Fahrer wollte das Leistungsangebot von 105 PS voll ausnutzen, zumal damit auch Versicherungsstufen nach oben übersprungen wurden. Daihatsu Deutschland bemühte sich deshalb von Anfang an, eine etwas mäßigere Motorisierung ins Programm zu nehmen. Nach knapp zweijähriger Gegenwart auf dem hiesigen Markt kam ein 90-PS-Motor nach Deutschland, aber nicht etwa ein erwarteter Zweiventiler gleichen Hubraums, sondern der Vierventil-Motor, der durch Maßnahmen in der Steuerung in seiner Leistung vermindert wurde.
Schon im ersten Winter 1989/90 stand hingegen der Applause ZiL zur Verfügung, ein Wagen mit permanentem Allradantrieb, der mit Hilfe einer Visco-Kupplung die Kräfte nach Bedarf auf Vorder- und Hinterachse verteilt. Wie

man sich erinnert, war jener Winter einer von drei aufeinanderfolgenden schneearmen – keine gute Zeit für Händler mit Allrad-Pkw im Ausstellungsraum. So entwickelte sich der Applause ZiL von Anfang an zu einem sehr exklusiven Auto, das in sehr bescheidenen Stückzahlen seinen Weg auf die hiesigen Straßen fand und ein Randmodell im ansonsten erfolgreichen Applause-Programm blieb.
Schon bei seiner Vorstellung kam manchen Leuten der Gedanke, daß sich die große Heckklappe hervorragend in ein Kombiheck verwandeln ließe. So wurden in Europa alsbald Versuche zu einem preiswerten Umbau in Kleinserie unternommen. Ein Ingolstädter Daihatsu-Händler entwarf eine Klappe, die im ganzen geöffnet werden konnte. Aus Belgien kam ein Entwurf, der ebenfalls das serienmäßige Heck entfernte und statt dessen ein festes, verlängertes Dach mit Seitenwänden aufsetzte, wobei nur die Hecktür zu öffnen ist. Es sind die interessanten Autos, die zu Abwandlungen anregen. Deren Erfolg beruht allerdings in den meisten Fällen darauf, daß sie Lükken füllen, die vom Herstellerwerk offengelassen werden. So gibt es im Daihatsu-Programm eine ganz klar erkennbare Lücke im Bereich der geräumigen Kombis, die für den privaten und geschäftlichen Einsatz gleichermaßen taugen. Zu Beginn der neunziger Jahre ist noch nicht absehbar, wann dieser Bedarf aus Japan gedeckt wird.
Dort beschäftigt man sich mit der Weiterentwicklung des Applause-Konzepts in einer ganz anderen Richtung. Im Frühjahr 1991 wurde der Prototyp einer Cabrio-Limousine vorgestellt. Dieser Applause mit dem Beinamen Windward hat ein Rolldach aus Textilmaterial, dazu eine Heckscheibe aus Kunststoff, die sich wegklappen und verstauen läßt. Den Nutzwert einer Limousine mit dem Fahrspaß eines Cabriolets zu verbinden – das wurde zuletzt in Europa in den fünfziger Jahren verwirklicht. Daihatsu versucht, die Idee wiederzubeleben und in zeitgemäßer Form zu verwirklichen. Wie wichtig Deutschland für Daihatsu ist, wurde erneut im Herbst des Jahres 1991 bewiesen. Wiederum wählte man nicht etwa die wenig später stattfindende Tokyo Motor Show zur Vorstellung eines für Daihatsu völlig neuen Wagentyps, sondern die Frankfurter Automobilausstellung.

Applause Windward hieß der Versuch einer Cabrio-Limousine im Frühjahr 1991.

Kunststoffkarosserie auf einem Leichtmetallgitterrahmen beim Roadster-Prototyp X-021, der auch auf dem Umschlag dieses Buches abgebildet ist.

Der seriennahe Prototyp eines Roadsters mit der Entwicklungsnummer X-021 zeichnet sich durch eine Reihe von Neuerungen im Automobilbau überhaupt und speziell bei Daihatsu aus. Eigenwillig ist die Kunststoffkarosserie geformt, die auf einem Gitterrohrrahmen aus Leichtmetall ruht. Auch das 1,6-Liter-Triebwerk ist ganz aus Aluminium hergestellt. Diese beiden Faktoren sind entscheidend für das niedrige Gewicht von nur 700 Kilogramm, das einerseits leistungsorientierte Fahrwerte, andererseits sparsamen Umgang mit dem Kraftstoff ermöglicht. Der Motor mit Vierventil-Technik leistet 140 PS/103 kW bei 6600 Umdrehungen pro Minute. Sein höchstes Drehmoment von 136 Newtonmetern entwickelt er bei 5000 U/min. Der Antrieb des nur 3,59 Meter kurzen Wagens erfolgt über ein Fünfganggetriebe auf die Hinterräder. Eine aufwendige Einzelradaufhängung rundum mit doppelten Dreiecksquerlenkern und Stabilisatoren vorn und hinten sorgt für eine sichere Straßenlage.
Überhaupt wurde großes Gewicht auf Sicherheit gelegt. Von den vier Scheibenbremsen sind die beiden vorderen innenbelüftet. Auch ein Antiblockiersystem (ABS) ist vorgesehen. Verstärkungen in den Türen sollen vor Seitenaufprall schützen, ein Airbag ergänzt dabei die Knautschzone bei Frontalzusammenstößen. Schließlich haben die Daihatsu-Designer einen dezenten, zweigeteilten Überrollbügel entworfen, der die Linien des Wagens nicht stört, aber dennoch Schutz beim Überschlag bietet. Auch der Rahmen der Windschutzscheibe soll solchen Unfällen standhalten.
Die Erfolge, vor allem aber der Aufmerksamkeitswert von offenen Autos in Nordamerika und Europa könnten Daihatsu ermuntern, den X-021 in naher Zukunft in Serie gehen zu lassen. Die Marke Daihatsu käme damit ihrem erklärten Ziel ein Stück näher, sich fest im Bewußtsein der Automobilkäufer zu verankern als ein Hersteller, der Zeichen setzt.

Vom freien Importeur zur Daihatsu-Tochter

Der 1. Januar 1989 bedeutete einen gewissen Sprung nach vorn in der Geschichte der Daihatsu-Einfuhr nach Deutschland. Das japanische Mutter-

haus, die Daihatsu Motor Corporation, nahm die Geschäfte selbst in die Hand, indem sie die Daihatsu Deutschland GmbH gründete. Der Übergang war freundschaftlich und ohne jeden Bruch, weil nicht nur das gesamte Händlernetz, sondern auch die mit dem Daihatsu-Import beschäftigten Mitarbeiter von der Firma Walter Hagen in Krefeld übernommen wurden. Der bisherige Generalimporteur blieb weiterhin großer Daihatsu-Einzelhändler mit mehreren Betrieben und Großhändler für Autozubehör.
Daihatsu Deutschland zog um in einen neuen Firmensitz am Rande von Krefeld in Tönisvorst. Auf einem 45 000 Quadratmeter großen Grundstück wurden die Verwaltung, ein zentrales Ersatzteillager und ein Schulungszentrum errichtet. Die Zahl der Beschäftigten liegt bei 130. Eine wichtige Aufgabe des neuformierten Importzentrums war der Aufbau eines Händlernetzes auf dem Gebiet der ehemaligen DDR. Diese Aufgabe wurde gemeistert und das Ziel erreicht, im Jahr 1991 in den fünf neuen Bundesländern zwischen sechs- und siebentausend Daihatsu-Wagen zu verkaufen. Insgesamt umfaßt das Händlernetz im gesamten deutschen Staatsgebiet 450. Ein Bonbon konnten diese Händler ihren Kunden zum 1. August 1991 anbieten: Denn zu diesem Zeitpunkt erhöhte die Daihatsu-Importzentrale die Garantie auf Neuwagen. Als sechster Anbieter gibt Daihatsu nunmehr drei Jahre oder 100 000 Kilometer und hat damit eine Vorreiterrolle auf dem mehr als zwei Dutzend Marken umfassenden deutschen Markt. Damit verbunden ist eine Mobilitätsgarantie für Europa, die dem Daihatsu-Fahrer das sichere Gefühl gibt, daß ihm auch in Ländern mit dünnem Werkstattnetz zuverlässig geholfen wird. Auf diesem Weg wird Daihatsu Deutschland mit unmittelbarer Werksunterstützung seine Stellung als größter Daihatsu-Importeur in Europa weiter ausbauen und die hohe Zufriedenheit seiner Kunden weiter erhöhen.

Daihatsu in Deutschland: Die Neuzulassungen

1979	1235	1986	11970
1980	4454	1987	12989
1981	6273	1988	11946
1982	5870	1989	13983
1983	6290	1990	14822
1984	6542	1991	22010
1985	8639		

Anmerkung: Die Zahlen für Allrad-Fahrzeuge und Transporter sind erst ab 1982 enthalten.

Hübscher Versuch aus Belgien, den Applause in einen Kombi zu verwandeln (unten).

Erfolgreich auf den Pisten

Vom Compagno-Spider abgeleitet war dieser Wagentyp, der beim Großen Preis von Macao 1966 vordere Plätze belegte.

Die Marke Daihatsu hat sich in über einhundertdreißig Ländern der Erde einen Namen gemacht – mit pfiffigen Kleinwagen, geräumigen Transportern und robusten Geländeautos. Kaum jemand käme auf den Gedanken, das Unternehmen mit Sport oder gar Rennwagen in Verbindung zu bringen. Und doch gab es eine Zeit, als sich Daihatsu mit der Konstruktion und dem Bau von solchen Prototypen beschäftigte und aktiv an Rennen teilnahm. Es war dies Anfang der sechziger Jahre, als Daihatsu – wie andere japanische Kraftfahrzeughersteller auch – sich mit Plänen befaßte, über das Inland und den ostasiatischen Raum hinaus Autos zu verkaufen. Freilich konnte damals niemand ahnen, daß Japan zwei Jahrzehnte später an die Spitze der automobilherstellenden Länder dieser Welt vordringen würde. Aber der Weg zu einem internationalen Bekanntheitsgrad war vorgezeichnet: Schon wenige Jahre nach der Erfindung des Autos, um die Jahrhundertwende, erfreuten sich Wettfahrten großer Beliebtheit. Es wurden immer neue Fernfahrten unternommen, Rundstreckenrennen und Bergfahrten. Wem

Rallye-Erfolge für Daihatsu in Finnland, Kenia, Großbritannien und bei einer Zuverlässigkeitsfahrt durch die Sahara (siehe auch nächste Seiten).

es dabei unter den Hüte und Tücher schwenkenden Zuschauern gelang, an der Spitze liegend mit dem von ihm aufgewirbelten Staub seine Verfolger abzuschütteln, dem waren die Schlagzeilen gewiß. Ein Autohersteller, dessen Wagen die damaligen Strapazen nicht nur durchstand, sondern vor allen anderen ins Ziel kam, konnte sich eines steigenden Absatzes sicher sein. Daran hat sich bis heute nicht viel geändert, obwohl die Seriennähe sehr viel geringer als damals ist. Noch immer bringt es anscheinend vielen Alltagsfahrern ein gutes Gefühl, in einem vermeintlichen Siegerauto zu sitzen, selbst wenn Serienfahrzeug und Rennwagen nicht mehr als den Namen gemeinsam haben. Immerhin: Eine Vielzahl europäischer Marken lebt vom Mythos ihrer Rennsiege und versucht ihn von Zeit zu Zeit zu vertiefen. Bei anderen – zum Beispiel Bugatti – hat der Ruhm sogar das Unternehmen überlebt.

Es schien deshalb in den sechziger Jahren durchaus sinnvoll, den Start auf den Weltmarkt mit dem Start bei Wettfahrten zu unterstützen. Die ersten Erfolge werden im Jahre 1966 erzielt, ein Jahr bevor der größte japanische Automobilhersteller eine Beteiligung bei Daihatsu erwirbt. Von diesem Zeitpunkt an beteiligt sich Daihatsu nicht mehr an Wettbewerben mit eigens zu diesem Zweck konstruierten Rennsportwagen. Vielmehr werden seriennahe Autos bei Rallyes, Langstreckenrennen und Wirtschaftlichkeitsfahrten mit Erfolg eingesetzt. Vor allem der Charade errang bei namhaften Rallye-Wettbewerben immer wieder Klassensiege und ehrenvolle Plätze. Aber auch die Geländewagen Taft/Wildcat, Rocky und Feroza machten immer wieder von sich reden. So gewinnt der Charade schon kurz nach seinem Erscheinen auf den internationalen Märkten im Jahre 1978 eine Wirtschaftlichkeitsfahrt in Paris und macht Anfang der achtziger Jahre durch Erfolge bei der Rallye Monte Carlo auf sich aufmerksam.

Eine Übersicht über die wichtigsten Daihatsu-Erfolge gibt die nachfolgende Tabelle auf Seite 131 dieses Buches.

KENYA
DAIHATSU
DCCS
IPF
IPF
IPF
IPF
DAIHATSU
62

Daihatsu-Erfolge bei Rennen und Rallyes

1966	3. Großer Preis von Japan	Daihatsu P 3 Sieger in der Klasse bis 1300 cm^3
1966	13. Großer Preis von Macao	Daihatsu Spider Klassensieger und 2. Platz Gruppe C
1979	Malaysia-Rallye	Charade 1. und 2. Platz
1979	Black-Rose-Rallye, Griechenland	Charmant Sieger
1980	Rallye Monte Carlo	Charade 2. Platz seiner Klasse
1981	Rallye Monte Carlo	Charade Klassensieger
1981	Motorcar Rallye, Neuseeland	Charade Klassensieger
1982	Safari-Rallye, Kenia	Charade Klassensieger
1982	Internationale Oman-Rallye	Charmant Klassensieger
1983	Rallye Paris-Dakar	Taft/Wildcat Klassensieger
1983	Dänische Rundstrecken-Meisterschaft	Charade Sieger
1983	4×4-Rallye Europameisterschaft	Taft/Wildcat Sieger
1984	Rund um Australien (Wirtschaftlichkeitsfahrt)	Charade Sieger mit neuem Rekord-Minderverbrauch
1984	Safari-Rallye, Kenia	Charade Klassensieger, Charade Turbo 2. Platz seiner Klasse
1984	Malaysia-Rallye	Charade Klassensieger
1985	Rallye Paris-Dakar	Rocky 3. Platz
1985	Safari-Rallye	Charade Klassensieger
1985	1000-Seen-Rallye, Finnland	Charade Klassensieger
1985	Wynns Safari-Rallye, Australien	Rocky Turbo Klassensieger
1986	Lucky-Strike-Rallye, Malaysia	Charade Turbo Klassensieger
1986	Safari-Rallye, Kenia	Charade Turbo Klassensieger
1986	Rallye Monte Carlo	Charade Klassensieger
1986	1000-Seen-Rallye, Finnland	Charade Klassensieger
1986	Wynns Safari, Australien	Rocky Klassensieger
1987	Safari-Rallye, Kenia	1., 2. und 3. Platz für Charade Turbo in seiner Klasse
1987	1000-Seen-Rallye, Finnland	Charade Turbo 2. seiner Klasse
1988	Rallye Monte Carlo	Charade GTti Klassensieger
1989	Rallye Australia	Charade Klassensieger
1989	Pharao-Rallye, Ägypten	Feroza Klassensieger
1990	Safari-Rallye, Kenia	Charade 1. und 2. Platz seiner Klasse
1990	Neuseeland-Rallye	Charade 1. und 2. Platz seiner Klasse
1990	Rallye Australia	Charade 1. und 2. Platz seiner Klasse
1990	RAC Rallye, Großbritannien	Charade Klassensieger
1991	Safari-Rallye, Kenia	Charade mit zwei Klassensiegen

Technische Maßstäbe

Auf den folgenden Seiten
Dokumentation und Daten
aller bisher nach Deutschland
eingeführten Daihatsu-Modelle

Daihatsu Wildcat 1977

Motor

Vierzylinder-Viertakt-Reihenmotor
Bohrung mal Hub 68 mm mal 66 mm
Hubraum 958 cm^3
Leistung 58 PS/43 kW bei 5500 U/min
Höchstes Drehmoment 78 Nm bei 4000 U/min
Seitliche Nockenwelle

Kraftübertragung

Antrieb auf die Hinterräder
zuschaltbarer Antrieb auf die Vorderräder
Vierganggetriebe

Fahrwerk und Bremsen

Starrachse an Blattfedern vorn und hinten
Trommelbremsen vorn und hinten

Maße und Gewichte

Länge 3,49 m
Breite 1,46 m
Höhe 1,86 m
Radstand 2,03 m
Leergewicht 1050 kg
Zulässiges Gesamtgewicht 1550 kg

Leistung

Höchstgeschwindigkeit 100 km/h

Anmerkung: Der Wagen war mit Verdeck und Festaufbau lieferbar und wurde auch mit einem 1,6-Liter-Ottomotor mit 67 PS/49 kW und einem 2,5-Liter-Dieselmotor mit 62 PS/46 kW angeboten.

Daihatsu Wildcat GL 1985

Motor

Vierzylinder-Viertakt-Dieselmotor
Bohrung mal Hub 92 mm mal 104 mm
Hubraum 2765 cm^3
Leistung 73 PS/54 kW bei 3800 U/min
Höchstes Drehmoment 170 Nm bei 2200 U/min
Seitliche Nockenwelle

Kraftübertragung

Antrieb auf die Hinterräder
Antrieb auf die Vorderräder zuschaltbar
Fünfganggetriebe, Zwischengetriebe

Fahrwerk und Bremsen

Starrachse an Blattfedern mit Panhardstab, Stabilisator und Gasdruckstoßdämpfern vorn
Starrachse an Blattfedern mit Gasdruckstoßdämpfern hinten
Scheibenbremsen vorn, Trommelbremsen hinten

Maße und Gewichte

Länge 3,80 m
Breite 1,58 m
Höhe 1,82 m
Radstand 2,21 m
Leergewicht 1570 kg
Zulässiges Gesamtgewicht 2100 kg

Leistungen und Verbrauch

Höchstgeschwindigkeit 130 km/h
Verbrauch Drittelmix nach ECE 10,9 Liter/100 km

Anmerkung: Der Wagen wurde auch als Pickup, Cabrio und mit erhöhtem Dach als Station angeboten. Weitere Motorisierungen: Turbo-Diesel und 2,0-Liter-Ottomotor. Die Baureihe heißt seit 1988 in Deutschland Rocky.

Daihatsu Rocky Station 1991

Motor

Vierzylinder-Viertakt-Dieselmotor
Bohrung mal Hub 92,0 mm mal 104,0 mm
Hubraum 2765 cm^3
Leistung 102 PS/75 kW bei 3400 U/min
Höchstes Drehmoment 249 Nm bei 1900 U/min
Seitliche Nockenwelle
Abgas-Turbolader mit Ladeluftkühler

Kraftübertragung

Antrieb auf die Hinterräder
Antrieb auf die Vorderräder zuschaltbar
Fünfganggetriebe, Zwischengetriebe

Fahrwerk und Bremsen

Starrachse an Blattfedern mit Panhardstab, Stabilisator und Gasdruckstoßdämpfern vorn
Starrachse an Blattfedern mit Gasdruckstoßdämpfern hinten
Scheibenbremsen innenbelüftet vorn, Trommelbremsen hinten

Maße und Gewichte

Länge 4,14 m
Breite 1,58 m
Höhe 1,92 m
Radstand 2,53 m
Leergewicht 1555 kg
Zulässiges Gesamtgewicht 2100 kg

Leistungen und Verbrauch

Höchstgeschwindigkeit 134 km/h
Verbrauch Drittelmix nach ECE 10,7 Liter/100 km

Anmerkung: Mit gleicher Motorisierung wurde auch ein geschlossenes und ein offenes Modell mit verkürztem Radstand und einer Länge von 3,82 m angeboten.

Daihatsu Feroza 1989

Motor

Vierzylinder-Viertakt-Reihenmotor
Bohrung mal Hub 76,0 mm mal 87,6 mm
Hubraum 1589 cm^3
Leistung 95 PS/70 kW bei 5700 U/min
Höchstes Drehmoment 128 Nm bei 4800 U/min
Obenliegende Nockenwelle
Vierventil-Technik

Kraftübertragung

Antrieb auf die Hinterräder
Antrieb auf die Vorderräder zuschaltbar
Fünfganggetriebe, Zwischengetriebe

Fahrwerk und Bremsen

Einzelradaufhängung an doppelten Querlenkern mit Drehstabfedern und Stabilisatoren vorn
Starrachse an Blattfedern hinten
Scheibenbremsen innenbelüftet vorn, Trommelbremsen hinten

Maße und Gewichte

Länge 3,69 m
Breite 1,58 m
Höhe 1,72 m
Radstand 2,17 m
Leergewicht 1160 kg
Zulässiges Gesamtgewicht 1580 kg

Leistungen und Verbrauch

Höchstgeschwindigkeit 147 km/h
Beschleunigung von 0 auf 100 km/h 13,0 sec
Verbrauch Drittelmix nach ECE 9,1 l/100 km
Geregelter Dreiwege-Katalysator mit Lambda-Sonde

Anmerkung: Der Wagen wurde als Cabrio (Soft-Top) und in der Ausführung EL II mit abnehmbarem festem Kunststoffdach (Hard-Top) und Plane geliefert.

Daihatsu Cuore 1981

Motor

Zweizylinder-Viertakt-Reihenmotor
Bohrung mal Hub 71,6 mm mal 68,0 mm
Hubraum 542 cm^3
Leistung 28 PS/20 kW bei 6000 U/min
Höchstes Drehmoment bei 39 Nm/3500 U/min
Obenliegende Nockenwelle

Kraftübertragung

Vorderradantrieb
Vierganggetriebe

Fahrwerk und Bremsen

Einzelradaufhängung an Querlenkern und Federbeinen vorn
Einzelradaufhängung an Schräglenkern hinten
Trommelbremsen vorn und hinten

Maße und Gewichte

Länge 3,20 m
Breite 1,40 m
Höhe 1,37 m
Radstand 2,15 m
Leergewicht 560–575 kg
Zulässiges Gesamtgewicht 920 kg

Leistungen und Verbrauch

Höchstgeschwindigkeit 110 km/h
Beschleunigung von 0 auf 100 km/h 32,0 sec
Verbrauch Drittelmix nach ECE 6,2 l/100 km

Anmerkung: Als Zweitürer mit großer Heckklappe und als Viertürer mit klappbarer Heckscheibe erhältlich; ab 1983 mit 612-cm^3-Motor mit 30 PS/22 kW.

Daihatsu Cuore 1986

Motor

Dreizylinder-Viertakt-Reihenmotor
Bohrung mal Hub 66,6 mm mal 88,0 mm
Hubraum 840 cm^3
Leistung 44 PS/32 kW bei 5500 U/min
Höchstes Drehmoment 68 Nm bei 3200 U/min
Obenliegende Nockenwelle

Kraftübertragung

Antrieb auf die Vorderräder
Fünfganggetriebe

Fahrwerk und Bremsen

Einzelradaufhängung an Querlenkern und Federbeine vorn
Einzelradaufhängung an Schräglenkern und Schraubenfedern hinten
Scheibenbremsen vorn, Trommelbremsen hinten

Maße und Gewichte

Länge 3,20 m
Breite 1,40 m
Höhe 1,41 m
Radstand 2,25 m
Leergewicht 595 kg
Zulässiges Gesamtgewicht 970 kg

Fahrleistungen und Verbrauch

Höchstgeschwindigkeit 135 km/h
Beschleunigung von 0 auf 100 km/h 15,7 sec
Verbrauch Drittelmix nach ECE 5,7 Liter/100 km

Anmerkung: Der Wagen wurde als Zwei- und Viertürer mit großer Heckklappe angeboten.

Daihatsu Cuore 1991

Motor

Dreizylinder-Viertakt-Reihenmotor
Bohrung mal Hub 66,6 mm mal 81,0 mm
Hubraum 847 cm^3
Leistung 41 PS/30 kW bei 5500 U/min
Höchstes Drehmoment 65 Nm bei 3200 U/min
Obenliegende Nockenwelle

Kraftübertragung

Einzelradaufhängung mit McPherson-Federbeinen, Querlenkern, Schraubenfedern und Stabilisatoren vorn
Einzelradaufhängung mit Schräglenkern, Schraubenfedern und Teleskop-Stoßdämpfern hinten
Innenbelüftete Scheibenbremsen vorn, Trommelbremsen hinten

Maße und Gewichte

Länge 3,30 m
Breite 1,40 m
Höhe 1,42 m
Radstand 2,28 m
Leergewicht 640–660 kg
Zulässiges Gesamtgewicht 1040 kg

Leistungen, Verbrauch, Abgasreinigung

Höchstgeschwindigkeit 135 km/h
Beschleunigung von 0 auf 100 km/h 16,5 sec
Verbrauch Drittelmix nach ECE 5,4 l/100 km
Geregelter Dreiwege-Katalysator mit Lambda-Sonde

Anmerkung: Erhältlich als Zwei- und Viertürer jeweils mit großer Heckklappe.

Daihatsu Sparcar 1980

Motor

Zweizylinder-Viertakt-Reihenmotor
Bohrung mal Hub 71,6 mm mal 68,0 mm
Hubraum 542 cm^3
Leistung 26 PS/19 kW bei 6000 U/min
Höchstes Drehmoment 38 Nm bei 3000 U/min

Kraftübertragung

Antrieb auf die Hinterräder
Vierganggetriebe

Fahrwerk und Bremsen

Einzelradaufhängung vorn
Starrachse an Blattfedern hinten
Trommelbremsen vorn und hinten

Maße und Gewichte

Länge 3,22 m
Breite 1,40 m
Höhe 1,63 m
Radstand 1,78 m
Leergewicht 700 kg
Zulässiges Gesamtgewicht 1280 kg

Leistungen

Höchstgeschwindigkeit 100 km/h
Verbrauch 6,5 Liter/100 km

Anmerkung: Der Wagen war als Zwei- oder Viersitzer mit entsprechend verändertem Laderaum erhältlich.

Daihatsu Sparcar 1984

Motor

Dreizylinder-Viertakt-Reihenmotor
Bohrung mal Hub 70 mm mal 73 mm
Hubraum 837 cm^3
Leistung 40 PS/29 kW bei 5400 U/min
Höchstes Drehmoment 60 Nm bei 2600 U/min

Kraftübertragung

Antrieb auf die Hinterräder
Vierganggetriebe

Fahrwerk und Bremsen

Einzelradaufhängung vorn
Starrachse an Blattfedern hinten
Trommelbremsen vorn und hinten

Maße und Gewichte

Länge 3,20 m
Breite 1,40 m
Höhe 1,75 m
Radstand 1,82 m
Leergewicht 815 kg
Zulässiges Gesamtgewicht 1350 kg

Leistungen und Verbrauch

Höchstgeschwindigkeit 110 km/h
Verbrauch 7,0 l/100 km/h

Anmerkung: Der Wagen war auch als Kasten, Pritsche, mit zuschaltbarem Allradantrieb und mit Hochdach (Höhe 1,90 m) erhältlich.

Daihatsu Hijet 1988

Motor

Dreizylinder-Viertakt-Reihenmotor
Bohrung mal Hub 76 mm mal 73 mm
Hubraum 986 cm^3
Leistung 45 PS/33 kW bei 5200 U/min
Höchstes Drehmoment 74,3 Nm bei 3200 U/min
Obenliegende Nockenwelle

Kraftübertragung

Antrieb auf die Hinterräder
Viergang-Getriebe

Fahrwerk und Bremsen

Einzelradaufhängung an McPerson-Federbeinen, Schraubenfedern, Querlenkern und Zugstreben vorn
Starrachse an Blattfedern hinten
Scheibenbremsen vorn, Trommelbremsen hinten

Maße und Gewichte

Länge 3,27 m
Breite 1,40 m
Höhe 1,87 m
Radstand 1,81 m
Leergewicht 830 kg
Zulässiges Gesamtgewicht 1450 kg

Leistungen und Verbrauch

Höchstgeschwindigkeit 120 km/h
Verbrauch konstant 90 km/h 7,4 Liter/100 km
Stadt 8,0 Liter/100 km

Anmerkung: Der Wagen war als Kombi, mit zuschaltbarem Allradantrieb, als Kastenwagen, Pickup und als Pickup-Kipper erhältlich.

Daihatsu Charmant 1981

Motor

Vierzylinder-Viertakt-Reihenmotor
Bohrung mal Hub 85,0 mm mal 70,0 mm
Hubraum 1577 cm^3
Leistung 75 PS/55 kW bei 5400 U/min
Höchstes Drehmoment 118 Nm bei 3600 U/min
Seitliche Nockenwelle

Kraftübertragung

Antrieb auf die Hinterräder
Fünfgang-Getriebe

Fahrwerk und Bremsen

Einzelradaufhängung an Querlenkern und Federbeinen vorn
Starrachse an Längslenkern und Panhardstab hinten
Scheibenbremsen vorn, Trommelbremsen hinten

Maße und Gewichte

Länge 4,20 m
Breite 1,63 m
Höhe 1,38 m
Radstand 2,40 m
Leergewicht 950 kg
Zulässiges Gesamtgewicht 1410 kg

Leistungen und Verbrauch

Höchstgeschwindigkeit 163 km/h
Beschleunigung von 0 auf 100 km/h 15,5 sec
Verbrauch Drittelmix nach ECE 8,6 Liter/100 km

Anmerkung: Die viertürige Stufenhecklimousine war auch mit einem 1,3 Liter-Motor mit 65 PS/48 kW erhältlich.

Daihatsu Charmant Altair Kat 1987

Motor

Vierzylinder-Viertakt-Reihenmotor
Bohrung mal Hub 81 mm mal 77 mm
Hubraum 1576 cm^3
Leistung 82 PS/60 kW bei 5600 U/min
Höchstes Drehmoment 128 Nm bei 3600 U/min
Obenliegende Nockenwelle

Kraftübertragung

Antrieb auf die Hinterräder
Fünfgang-Getriebe

Fahrwerk und Bremsen

Einzelradaufhängung an McPherson-Federbeinen, Querlenker mit Zugstreben und Stabilisator vorn
Starrachse an Längslenkern, Panhardstab, Schraubenfedern und Teleskopstoßdämpfern hinten
Vorn Scheibenbremsen, hinten Trommelbremsen

Maße und Gewichte

Länge 4,28 m
Breite 1,63 m
Höhe 1,38 m
Radstand 2,40 m
Leergewicht 890 kg
Zulässiges Gesamtgewicht 1410 kg

Leistungen, Verbrauch, Abgasreinigung

Höchstgeschwindigkeit 163 km/h
Beschleunigung von 0 auf 100 km/h 12,0 sec
Verbrauch Drittelmix nach ECE 7,7 l/100 km
Oxydationskatalysator mit Pulsair-Sekundärluftsystem

Daihatsu Applause 1989

Motor

Vierzylinder-Viertakt-Reihenmotor
Bohrung mal Hub 76,0 mm mal 87,6 mm
Hubraum 1589 cm^3
Leistung 105 PS/77 kW bei 6000 U/min
Höchstes Drehmoment 134 Nm bei 4800 U/min
Obenliegende Nockenwelle
Vierventil-Technik

Kraftübertragung

Antrieb auf Vorderräder
Fünfgang-Getriebe

Fahrwerk und Bremsen

Einzelradaufhängung an McPherson-Federbeinen, Querlenkern und Stabilisator vorn
Einzelradaufhängung mit Doppelquerlenker und Stabilisator hinten
Scheibenbremsen an allen vier Rädern, davon die vorderen innenbelüftet

Maße und Gewichte

Länge 4,26 m
Breite 1,66 m
Höhe 1,36 m
Radstand 2,47 m
Leergewicht 930 kg
Zulässiges Gesamtgewicht 1420 kg

Leistungen und Verbrauch

Höchstgeschwindigkeit 185 km/h
Beschleunigung von 0 auf 100 km/h 9,8 sec
Verbrauch Drittelmix nach ECE-Norm 7,0 Liter/100 km
Geregelter Dreiwege-Katalysator mit Lambda-Sonde

Anmerkung: Auch mit permanentem Allradantrieb, mit Dreistufen-Automatik-Getriebe und mit einer 90 PS/66 kW-Maschine erhältlich.

Daihatsu Charade 1979

Motor

Dreizylinder-Viertakt-Reihenmotor
Bohrung mal Hub 76,0 mm mal 73,0 mm
Hubraum 993 cm^3
Leistung 50 PS/37 kW bei 5500 U/min
Höchstes Drehmoment 73 Nm bei 3000 U/min
Obenliegende Nockenwelle

Kraftübertragung

Antrieb auf die Vorderräder
Fünfgang-Getriebe

Fahrwerk und Bremsen

Einzelradaufhängung an Querlenkern und Federbeinen vorn
Starrachse mit Schraubenfedern und Teleskopstoßdämpfern
Scheibenbremsen vorn, Trommelbremsen hinten

Maße und Gewichte

Länge 3,46 m
Breite 1,51 m
Höhe 1,35 m
Radstand 2,30 m
Leergewicht 690 kg
Zulässiges Gesamtgewicht 1040 kg

Leistungen und Verbrauch

Höchstgeschwindigkeit 138 km/h
Beschleunigung von 0 auf 100 km/h 17,8 sec
Verbrauch Drittelmix nach ECE 6,6 Liter/100 km

Anmerkung: Als Viertürer mit großer Heckklappe und als Zweitürer mit Heckklappe (Coupé, Runabout) erhältlich.

Daihatsu Charade Turbo 1984

Motor

Dreizylinder-Viertakt-Reihenmotor
Bohrung mal Hub 76 mm mal 73 mm
Hubraum 986 cm^3
Leistung 68 PS/50 kW bei 5500 U/min
Höchstes Drehmoment 106 Nm bei 3200 U/min
Obenliegende Nockenwelle
Abgas-Turbolader

Kraftübertragung

Antrieb auf die Vorderräder
Fünfgang-Getriebe

Fahrwerk und Bremsen

Einzelradaufhängung an Querlenkern und Federbeinen vorn
Starrachse an Schraubenfedern hinten

Maße und Gewichte

Länge 3,60 m
Breite 1,58 m
Höhe 1,40 m
Radstand 2,32 m
Leergewicht 730 kg
Zulässiges Gesamtgewicht 1100 kg

Leistungen und Verbrauch

Höchstgeschwindigkeit 159 km/h
Beschleunigung von 0 auf 100 km/h 12,0 sec
Verbrauch Drittelmix nach ECE 6,5 Liter/100 km

Anmerkung: Das Modell war auch ohne Aufladung und als Diesel erhältlich. 1985 wurde die Bugpartie abgerundet.

Daihatsu Charade 1,3i 1989

Motor

Vierzylinder-Viertakt-Reihenmotor
Bohrung mal Hub 76,0 mm mal 71,4 mm
Hubraum 1296 cm^3
Leistung 90 PS/66 kW bei 6500 U/min
Höchstes Drehmoment 105 Nm bei 5000 U/min
Obenliegende Nockenwelle
Vierventil-Technik

Kraftübertragung

Antrieb auf die Vorderräder
Fünfgang-Getriebe

Fahrwerk und Bremsen

Einzelradaufhängung an Querlenkern und Federbeinen vorn
Einzelradaufhängung an Längslenkern und Schraubenfedern hinten
Scheibenbremsen vorn, Trommelbremsen hinten

Maße und Gewichte

Länge 3,62 m
Breite 1,62 m
Höhe 1,40 m
Radstand 2,34 m
Leergewicht 830 kg
Zulässiges Gesamtgewicht 1240 kg

Leistungen und Verbrauch

Höchstgeschwindigkeit 170 km/h
Beschleunigung von 0 auf 100 km/h 10,8 sec
Verbrauch Drittelmix nach ECE 6,6 Liter/100 km
Geregelter Dreiwegekatalysator mit Lambda-Sonde

Anmerkung: Der Wagen war auch mit permanentem Allradantrieb erhältlich.

Daihatsu Charade 1991

Motor

Dreizylinder-Viertakt-Reihenmotor
Bohrung mal Hub 76,0 mm mal 73,0 mm
Hubraum 996 cm^3
Leistung 54 PS/40 kW bei 5750 U/min
Höchstes Drehmoment 80 Nm bei 3000 U/min
Obenliegende Nockenwelle

Kraftübertragung

Antrieb auf die Vorderräder
Fünfgang-Getriebe

Fahrwerk und Bremsen

Einzelradaufhängung an Querlenkern und Federbeinen vorn
Einzelradaufhängung an doppelten Querlenkern und Stabilisator hinten
Scheibenbremsen vorn, Trommelbremsen hinten

Maße und Gewichte

Länge 3,61 m
Breite 1,60 m
Höhe 1,39 m
Radstand 2,34 m
Leergewicht 720 kg
Zulässiges Gesamtgewicht 1190 kg

Leistungen und Verbrauch

Höchstgeschwindigkeit 145 km/h
Beschleunigung von 0 auf 100 km/h 12 sec
Verbrauch Drittelmix nach ECE 5,7 Liter/100 km
Geregelter Dreiwegekatalysator mit Lambda-Sonde

Anmerkung: Wagen auch mit Dreistufen-Automatik erhältlich.

DAIHATSU
FX-228
DAIHATSU

FX-228
DAIHATSU

Vorige Doppelseite: Blick auf ein Stück Daihatsu-Zukunft: der zweisitzige Spider-Prototyp FX-228.
Fotos: S. 38 (1), S. 75, S. 95 (2) Kießler, S. 71 Off Road, alle anderen Daihatsu-Presseabteilung.